ASP.NET 综合实训

主　编　谭江山
副主编　周　伟

電子工業出版社
Publishing House of Electronics Industry
北京 • BEIJING

内 容 简 介

本书通过实例的方式，由浅入深、循序渐进地引导读者学习使用 Visual Studio 2013 的 ASP.NET 技术进行网站开发所要学习的技术、操作方法和技巧。通过学习简单的在线聊天室项目，使读者掌握其基本语法；通过学习用户管理项目，使读者掌握常用控件及数据库访问技术；通过学习在线音乐项目，使读者掌握多层开发技术；通过学习信息发布项目，使读者掌握 Entity Framework 框架技术；通过学习网上商城项目，使读者掌握 MVC 技术。

本书内结构明朗、思维清晰、知识点覆盖面广、实例讲解到位、步骤简单易懂。另外，在讲解知识的基础上着重培养读者的思维与实践能力，比较适合作为有一定编程基础的初、中级软件开发爱好者的学习书，也可作为教材使用。

图书在版编目（CIP）数据

ASP.NET 综合实训 / 谭江山主编. —北京：电子工业出版社，2018.7

ISBN 978-7-121-34436-7

Ⅰ. ①A… Ⅱ. ①谭… Ⅲ. ①网页制作工具—程序设计—中等专业学校—教材 Ⅳ. ①TP393.092.2

中国版本图书馆 CIP 数据核字（2018）第 124262 号

责任编辑：裴　杰
印　　刷：北京虎彩文化传播有限公司
装　　订：北京虎彩文化传播有限公司
出版发行：电子工业出版社
　　　　　北京市海淀区万寿路 173 信箱　邮编　100036
开　　本：787×1 092　1/16　印张：11.75　字数：300.8 千字
版　　次：2018 年 7 月第 1 版
印　　次：2021 年 7 月第 3 次印刷
定　　价：28.00 元

凡所购买电子工业出版社图书有缺损问题，请向购买书店调换。若书店售缺，请与本社发行部联系，联系及邮购电话：（010）88254888，88258888。

质量投诉请发邮件至 zlts@phei.com.cn，盗版侵权举报请发邮件至 dbqq@phei.com.cn。

本书咨询联系方式：（010）88254617，luomn@phei.com.cn。

前　言

ASP.NET 综合实训课程是在学习了网页制作、数据库技术及 C#语言程序设计等课程之后开设的，因此，学好这门课程涉及的知识比较多。对于刚接触.NET 课程的学生，由于先修课程基础不够扎实，刚开始学习的时候往往会感到很茫然，不知道从何学起。本书深入浅出、一步一步、循序渐进地教学生学习网络应用程序的开发。在写作过程中注重细节，尽量把每一个操作步骤都以图例形式展现给学生，使学生能够有兴趣对照教材完成案例的操作和练习。通过完成实例项目，会让学生越来越有信心，从而快速地掌握 ASP.NET 的各种开发技术。

本书共分 5 个实训项目，具体内容如下：

项目一　简单聊天室，主要介绍了 ASP.NET 提供的 7 个内置对象。

项目二　用户管理，主要介绍了 ADO.NET 技术。

项目三　在线音乐，主要介绍了三层开发模型及其应用。

项目四　信息发布，主要介绍了微软的 Entity Framework 技术。

项目五　网上商城，主要介绍了 ASP.NET 的 MVC 框架技术。

本书由谭江山担任主编，周伟担任副主编，徐艺玮参编。

由于近年来 Web 应用开发技术发展迅速，软件版本更新也很快，同时受编者自身水平有限，本书难免存在疏漏和不足，敬请广大读者提出宝贵意见和建议！

编者

目　录

项目一　简单聊天室

一、项目背景

随着计算机网络的发展，聊天室对大家来说不再陌生，本项目需要开发一个聊天室，用于人们在网上交流感情、交换意见。

二、项目分析

（一）功能分析

用户登录后，聊天页面可以显示登录的用户名，并统计在线聊天人数。

（二）项目结构

（三）技术分析

1．Asp.net 的七个内置对象

（1）Response 对象是 HttpResponse 类的一个实例。该类主要是封装来自 ASP.NET 操作的 HTTP 响应信息。

（2）Request 对象可以输出信息到客户端，包括直接发送信息给浏览器、重定向浏览器到另一个 URL 或设置 Cookie 的值。

（3）Session 对象是 HttpSessionState 的一个实例。该类为当前用户会话提供信息，还提供对可用于存储信息的会话范围的缓存的访问，以及控制如何管理会话的方法。

（4）Application 对象是 HttpApplicationState 类的一个实例。Application 对象可使给定应用程序的所有用户之间共享信息，并且在服务器运行期间持久地保存数据。

（5）Server 对象是 HttpServerUtility 的一个实例。该对象提供对服务器上的方法和属性的访问。

（6）Cookie 是一小段文本信息，伴随着用户请求和页面在 Web 服务器及浏览器之间传递。用户每次访问站点时，Web 应用程序都可以读取 Cookie 包含的信息。

（7）Cache 对象，每个应用程序域均创建该类的一个实例，并且只要对应的应用程序域保持活动，该实例便保持有效。有关此类实例的信息可通过 HttpContext 对象的 Cache 属性或 Page 对象的 Cache 属性来提供。

2．Session

Session 即会话，是指一个用户在一段时间内对某一个站点的一次访问。Session 对象用于存储从一个用户开始访问某个特定的 ASPX 的页面起到用户离开为止，特定的用户会话所需要的信息。用户在应用程序的页面切换时，Session 对象的变量不会被清除。Session 可以保存变量，该变量只能供一个用户使用，也就是说，每一个网页浏览者都有自己的 Session 对象变量，即 Session 对象具有唯一性。

Session 对象有生命周期，默认值为 20 分钟，可以通过 TimeOut 属性设置会话状态的过期时间。如果用户在该时间内不刷新页面或请求站点内的其他文件，则该 Session 会自动过期，而 Session 对象存储的数据信息也将永远丢失。

将新的项添加到会话状态中的语法格式为

```
Session ["键名"] = 值;
```

或者

```
Session.Add( "键名" , 值);
```

按名称获取会话状态中的值的语法格式为

```
变量 = Session ["键名"];
```

删除会话状态集合中的项的语法格式为

```
Session.Remove("键名");
```

3．Application 对象的应用

在 ASP.NET 中，使用 Application 对象代表 ASP.NET Web 应用程序的运行实例。一个 Web 站点可以包含不止一个 ASP.NET 应用程序，而每个 ASP.NET 应用程序的运行实例都可以由一个 Application 对象来表达。可以将任何对象作为全局变量存储在 Application 对象中。

使用 Application 对象保存信息：

```
Application["键名"] = 值;
```

或者

```
Application.Add("键名" , 值);
```

获取 Application 对象信息：

```
变量名 = Application["键名"];
```

或者

```
变量名 = Application.Get("键名");
```

三、项目实施

任务一　新建网站

任务描述

创建 chatroom 网站。

任务实施

步骤：启动 Visual Studio 2013，选择“文件”→“新建网站”选项，在弹出的对话框中，按图 1-1 所示方式进行设置。

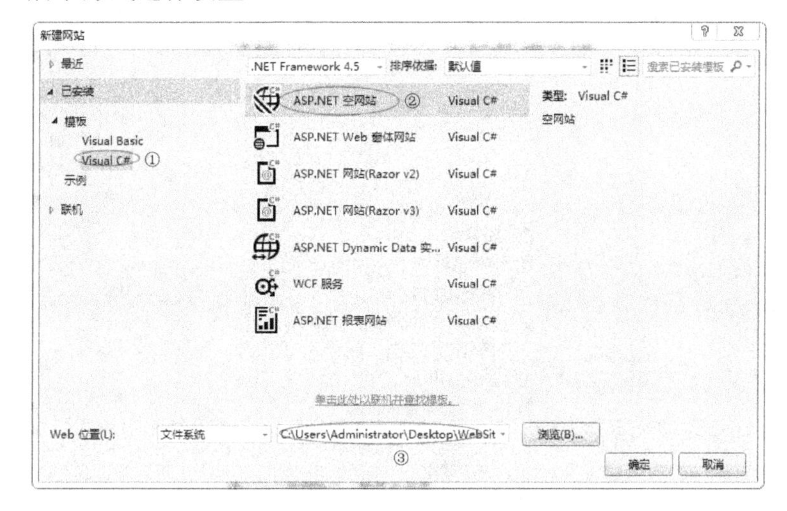

图 1-1　新建网站

单击“确定”按钮后，进入如图 1-2 所示界面。

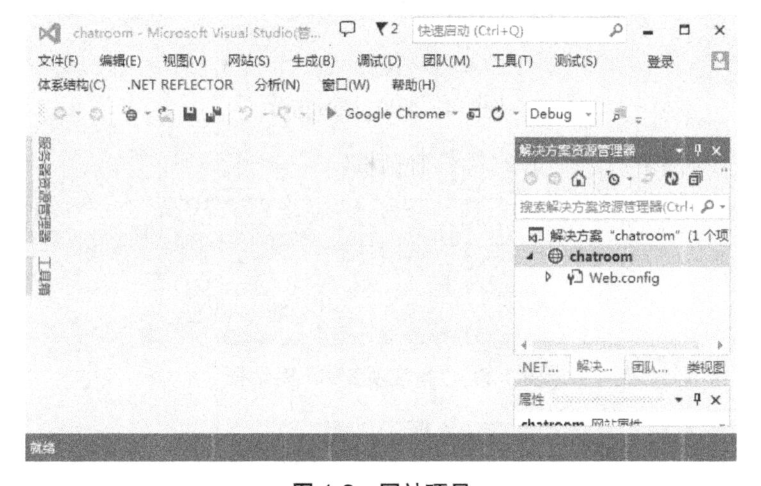

图 1-2　网站项目

任务二　创建登录网页

创建登录网页，文件名为Login.aspx，登录界面如图1-3所示。

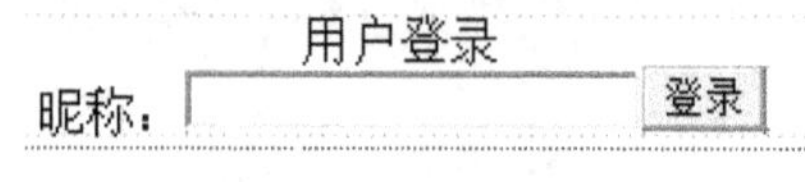

图1-3　登录界面

任务实施

步骤1：创建Login.aspx页面。

右击“解决方案资源管理器”中的“chatroom”项目，选择“添加”→“Web 窗体”选项，如图1-4所示。

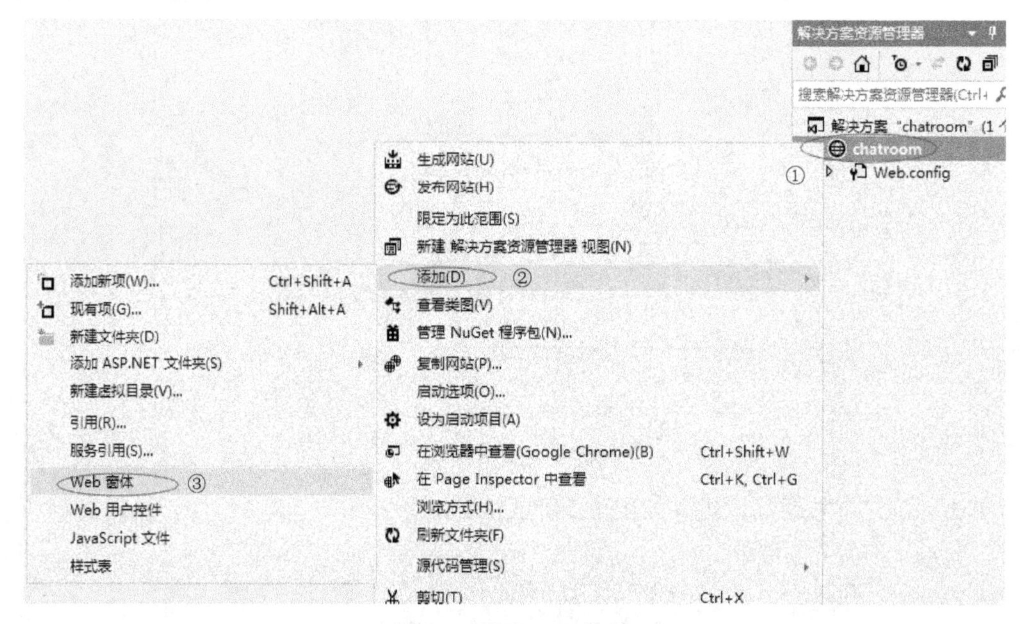

图1-4　新建 Web 窗体

弹出如图1-5所示的“指定项名称”对话框。

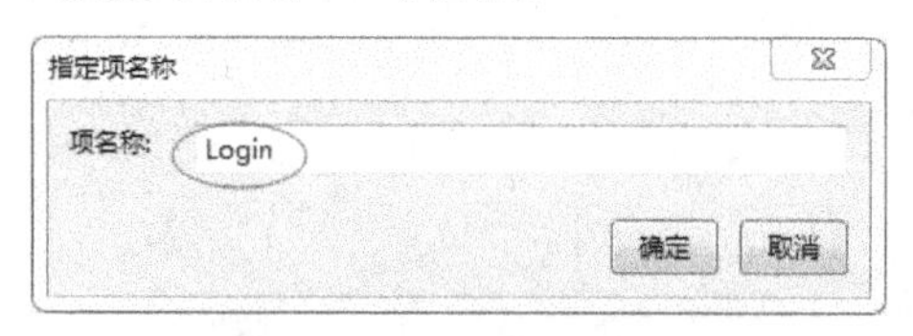

图1-5　“指定项名称”对话框

单击“确定”按钮后，进入如图1-6所示界面。

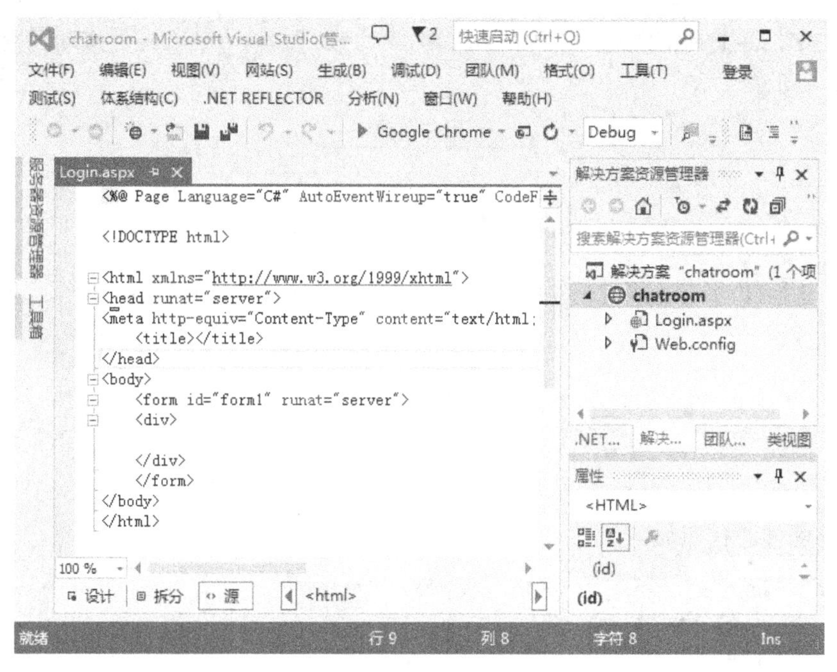

图 1-6　Web 窗体默认代码

步骤 2：界面设计。

单击左下方的“设计”按钮，接着单击窗口左侧的“工具箱”按钮，再单击工具箱顶部的“自动隐藏”按钮，使工具箱固定显示在左侧，效果如图 1-7 所示。

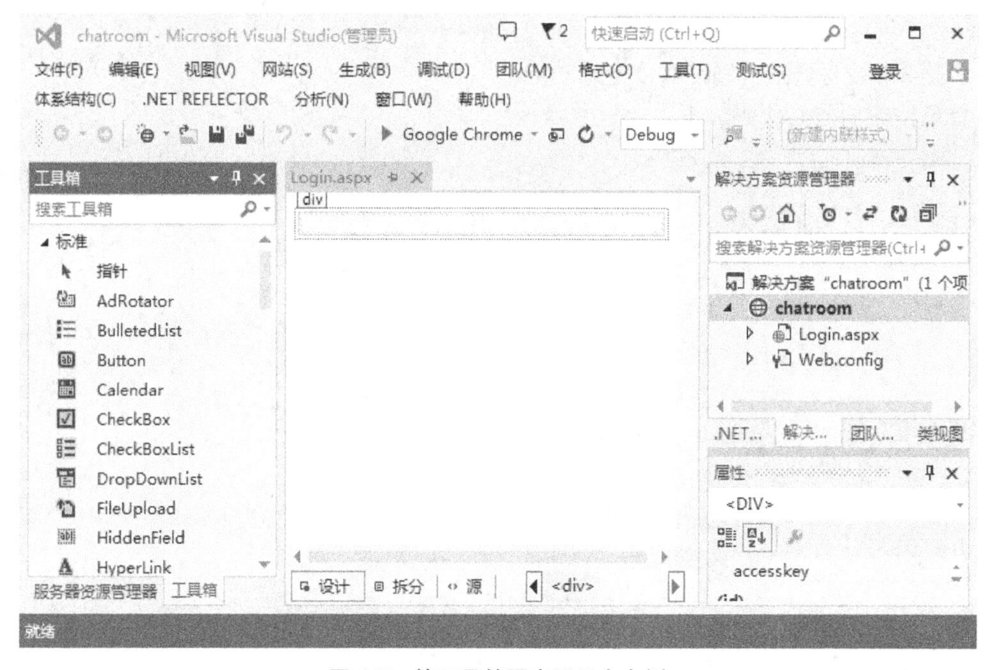

图 1-7　使工具箱固定显示在左侧

录入文字，将工具箱中的 TextBox、 Button 及 A Label 控件拖动到网页中，效果如图 1-8 所示。

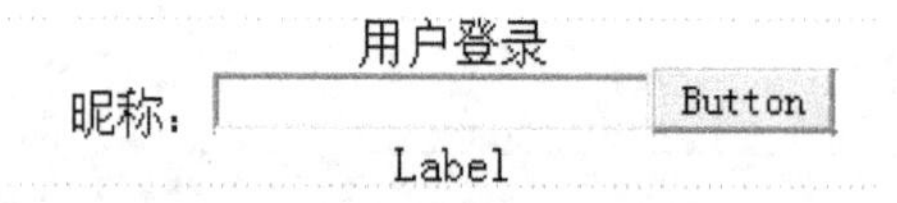

图 1-8　设计用户登录界面

将 Label 控件的 Text 属性清空，将 Button 控件的 Text 属性设置为“登录”，网页效果如图 1-9 所示。

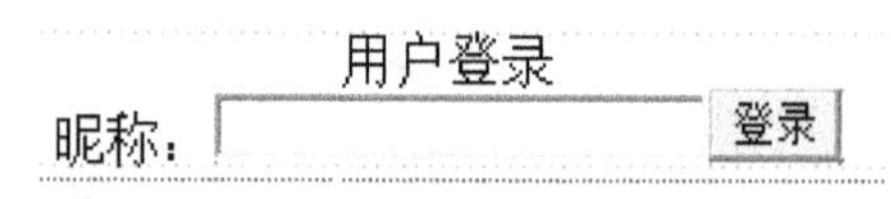

图 1-9　用户登录界面效果

网页界面核心代码如下。

```
        <form id="form1" runat="server">
        <div align="center">
            用户登录<br />
            昵称：<asp:TextBox ID="TextBox1" runat="server"></asp:TextBox>
            <asp:Button ID="Button1" runat="server" Text="登录" onclick=
"Button1_Click" />
             <br />
            <asp:Label ID="Label1" runat="server"></asp:Label>
            </div>
        </form>
```

步骤 3：编写登录代码，实现登录功能。

登录按钮的核心代码如下。

```
    protected void Button1_Click(object sender, EventArgs e)
        {
            //如果昵称为空，则提示"请填写昵称！"
            if (TextBox1.Text == "")
                Label1.Text = "请填写昵称！";
            else {
                //保存用户填写的昵称
                Session["nc"] = TextBox1.Text.Trim();
                //锁定Application
                Application.Lock();
                //保存昵称列表，用逗号分隔
                Application["userlist"] =Application["userlist"]+
Session["nc"].ToString()+",";
                //保存聊天内容，格式如下：昵称 进入聊天室！[时间]\n
```

```
                string chat = Session["nc"].ToString() + " 进入聊天室！";
                chat=chat+ "[" + DateTime.Now.ToString() + "]\n" +
Application["chats"];
                Application["chats"] = chat;
                //解锁Application
                Application.UnLock();
                //跳转到Default.aspx
                Response.Redirect("Default.aspx");
            }
        }
```

任务三　设计 Default.aspx 页面

任务描述

创建聊天室主页 Default.aspx，进行界面布局。聊天室主页布局如图 1-10 所示。

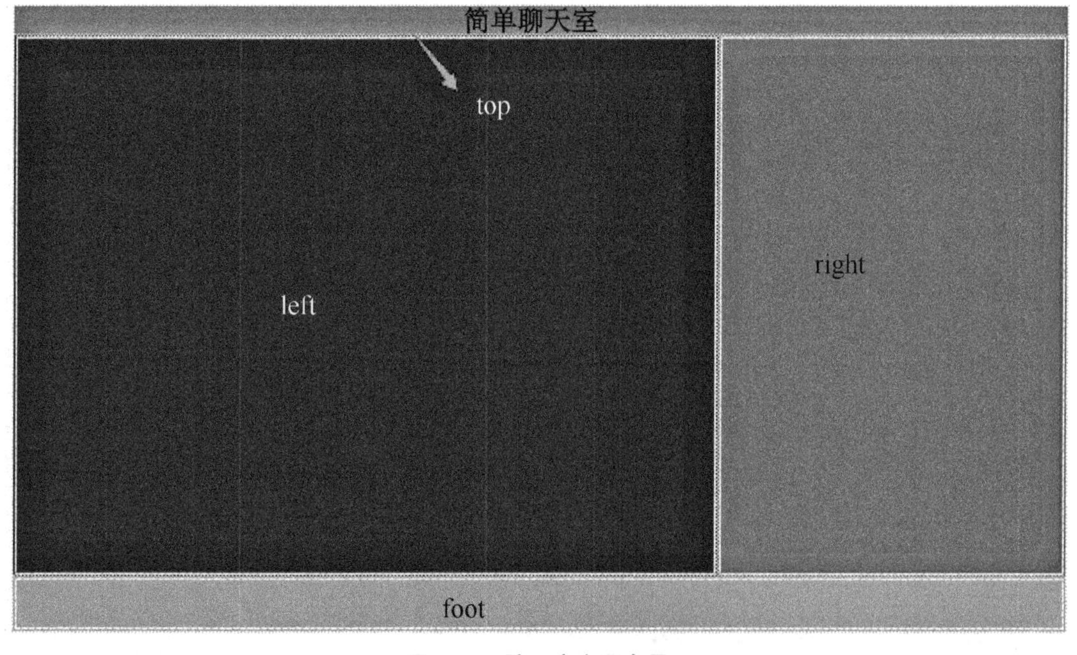

图 1-10　聊天室主页布局

任务实施

步骤 1：使用 Div+CSS 进行布局。

代码如下。

```
<%@ Page Language="C#" AutoEventWireup="true" CodeFile="Default.aspx.cs" Inherits="_Default" %>

<!DOCTYPE html PUBLIC "-//W3C//DTD XHTML 1.0 Transitional//EN" "http://www.w3.org/TR/xhtml1/DTD/xhtml1-transitional.dtd">

<html xmlns="http://www.w3.org/1999/xhtml">
<head runat="server">
    <title>简单聊天室</title>
    <style type="text/css">
        #top{ width:100%; background-color:red; text-align:center;}
        #left{ width:400px; height:300px; background-color:Blue; float:left;}
        #right{width:200px; height:300px; background-color:Green;float:right;}
        #foot{ width:100%;height:30px;background-color:Lime;float:none;}
    </style>
</head>
<body>
    <form id="form1" runat="server">
    <div style=" width:600px; margin:auto">
        <div id="top">
            简单聊天室
        </div>
        <div id="left"></div>
        <div id="right"></div>
        <div id="foot"></div>
    </div>
    </form>
</body>
</html>
```

步骤 2：将服务器控件拖动到相应区域，控件图如图 1-11 所示。

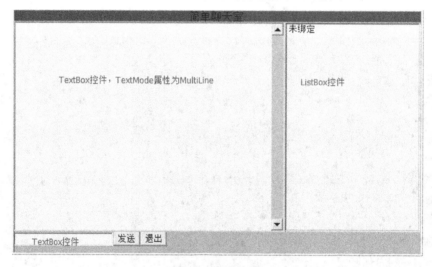

图 1-11　控件图

控件布局核心代码如下。

```
        <form id="form1" runat="server">
        <div style="width:600px; margin:auto;">
            <div id="top">
                简单聊天室
            </div>
            <div id="left">
                <asp:TextBox ID="TextBox1" runat="server" Height="294px"
TextMode="MultiLine"    Width="400px"></asp:TextBox>
            </div>
            <div id="right">
```

```
                <asp:ListBox ID="ListBox1" runat="server" Height="300px"
Width="200px">
                </asp:ListBox>
            </div>
            <div id="foot">
               <asp:TextBox ID="TextBox2" runat="server"></asp:TextBox>
               <asp:Button ID="Button1" runat="server" Text="发送"
onclick="Button1_Click" />
               <asp:Button ID="Button2" runat="server" Text="退出"
onclick="Button2_Click" />
            </div>
        </div>
        </form>
```

任务四　显示聊天记录和显示用户列表

任务描述

在 Default.aspx 页面中实现显示聊天记录和显示用户列表功能。

任务实施

步骤：在 Page_Load 事件中添加如下代码。

```
    protected void Page_Load(object sender, EventArgs e)
    {
        //昵称为空，即若没有登录，则跳转到登录页面
        if (Session["nc"] == null)
        {
            Response.Redirect("login.aspx");
        }
        //显示聊天记录
        TextBox1.Text = Application["chats"].ToString();
        //将用户列表转换为数组
       string[] userlist = Application["userlist"].ToString().Split(',');
        //清空ListBox1控件内容
        ListBox1.Items.Clear();
        //将所有昵称添加到ListBox1中
        for (int i = 0; i < userlist.Count(); i++)
        {
            ListBox1.Items.Add(userlist[i]);
```

```
            }
            //删除最后一个空的昵称
            ListBox1.Items.RemoveAt(ListBox1.Items.Count - 1);
        }
```

任务五　发言功能

任务描述

使登录用户能发送聊天信息。

任务实施

步骤：双击“发送”按钮，为发送按钮添加事件代码。

```
        protected void Button1_Click(object sender, EventArgs e)
        {
            //锁定
            Application.Lock();
            //保存聊天内容，格式如下：昵称 进入聊天室！[时间]\n
            string chat= Session["nc"].ToString() + ":" +
TextBox2.Text.Trim();
            chat=chat+"[" + DateTime.Now.ToString() + "]\n" +
Application["chats"];
            Application["chats"] = chat;
            //解锁
            Application.UnLock();
            //清空发言内容
            TextBox2.Text = "";
            //设置焦点
            TextBox2.Focus();
            //显示聊天内容
            TextBox1.Text = Application["chats"].ToString();
        }
```

任务六　定时更新聊天记录和用户列表

任务描述

在 Default.aspx 页面的 Form 中添加 ScriptManager 和 UpdatePanel 控件，并将 Timer 控件、ID 为 left 和 right 的 Div 添加到 UpdatePanel 中，设置 Timer 的时间间隔为 1000，为 Timer 添加事件，设置 UpdatePanel 的 UpdateMode 属性为 Conditional。对应的控件

如图 1-12 所示。

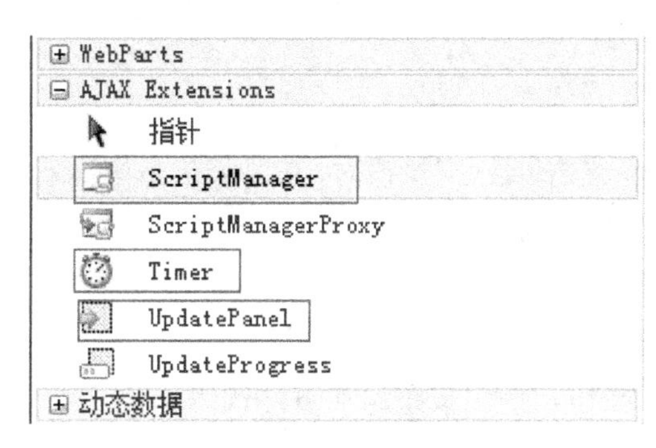

图 1-12　对应的控件

任务实施

步骤 1：修改 Default.aspx 页面布局代码，修改后的核心代码如下。

```
<form id="form1" runat="server">
<asp:ScriptManager ID="ScriptManager1" runat="server">
</asp:ScriptManager>
<div style="width:600px; margin:auto;">
    <div id="top">
        简单聊天室
    </div>
    <asp:UpdatePanel ID="UpdatePanel1" runat="server" UpdateMode="Conditional">
        <ContentTemplate>
            <asp:Timer ID="Timer1" runat="server" Interval="1000" ontick="Timer1_Tick">
            </asp:Timer>
            <div id="left">
                <asp:TextBox ID="TextBox1" runat="server" Height="294px" TextMode="MultiLine"
                    Width="400px"></asp:TextBox>
            </div>
            <div id="right">
                <asp:ListBox ID="ListBox1" runat="server" Height="300px" Width="200px">
                </asp:ListBox>
            </div>
        </ContentTemplate>
    </asp:UpdatePanel>
    <div id="foot">
        <asp:TextBox ID="TextBox2" runat="server"></asp:TextBox>
        <asp:Button ID="Button1" runat="server" Text="发送" onclick="Button1_Click" />
        <asp:Button ID="Button2" runat="server" Text="退出" onclick="Button2_Click" />
    </div>
</div>
</form>
```

步骤 2：编写代码，实现更新功能。

```
protected void Timer1_Tick(object sender, EventArgs e)
{
    //更新内容
    UpdatePanel1.Update();
}
```

任务七 退出聊天室

任务描述

实现退出聊天室功能，单击"退出"按钮时，在聊天信息区显示"某某 离开了聊天室！"，并从用户列表中删除该用户，跳转到登录页面。

任务实施

步骤：双击"退出"按钮，为该按钮添加事件代码。

```
        protected void Button2_Click(object sender, EventArgs e)
        {
            //昵称列表
            string userlist=Application["userlist"].ToString();
            //锁定
            Application.Lock();
            //将用户昵称替换为空，即删除用户昵称
            Application["userlist"]=userlist.Replace(Session
["nc"].ToString() + ",", "");
            //在聊天内容中加"昵称 离开了聊天室！"
            Application["chats"] = Session["nc"].ToString() + " 离开了聊天室！
" + "[" + DateTime.Now.ToString() + "]\n" + Application["chats"];
            //解锁
            Application.UnLock();
            //清空登录昵称
            Session["nc"] = null;
            //跳转到登录页面
            Response.Redirect("login.aspx");
        }
```

任务八 调试网站

任务描述

调试网站，使网站能够正常运行。

任务实施

步骤：单击如图 1-13 所示的按钮，对网站进行调试。

图 1-13　单击的按钮

登录页面效果如图 1-14 所示。

图 1-14　登录页面效果

聊天页面如图 1-15 所示。

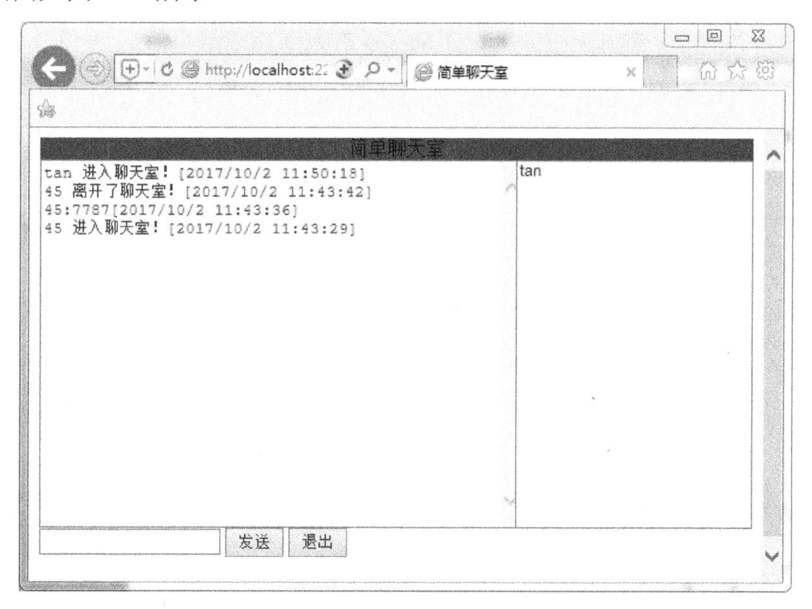

图 1-15　聊天页面

四、项目总结

本项目使用 Session 保存用户个人的登录昵称，使用 Application 保存用户列表及聊天信息，使用 ScriptManager、UpdatePanel 及 Timer 控件实现信息的实时刷新。

五、知识巩固

扩展本项目，为项目添加用户注册功能，文件名为 regedit.aspx，将用户注册信息保存到 Application 中，只有注册信息中保存了该用户的信息，才允许该用户登录系统。

项目二　用户管理

一、项目背景

我们上网时常用的 QQ、微信、淘宝等都离不开账号的注册、登录、修改等。用户管理是各类网站的标配。本项目将实现学生用户信息的注册、登录、修改及删除等功能。

二、项目分析

（一）功能分析

本项目利用 SQL Server 2008 数据库保存用户数据。用户管理其实是对数据库中用户信息的增、删、改、查。

（二）数据库结构

userinfo（用户表）

字段名	数据类型	是否允许空值	说明
id	int	否	主键，自动编号
username	varchar(20)	否	用户名
password	varchar(20)	否	登录密码
sex	varchar(2)	是	性别
birthday	date	是	生日
phone	varchar(20)	是	联系电话
year	int	是	入学年份
interests	varchar(100)	是	爱好
realname	varchar(50)	否	姓名

（三）项目结构

其中，各文件的功能如下。

changePassword.aspx：　修改密码。
editUserinfo.aspx：　修改用户信息。
index.aspx：　首页。
login.aspx：　用户登录。
reg.aspx：　用户注册。
userManage.aspx：　用户管理。

解决方案 "localhost_5367" (1
usermanage(2)
App_data
changePassword.aspx
editUserinfo.aspx
login.aspx
reg.aspx
regSuccess.aspx
userManage.aspx
Web.config

（四）技术介绍

ADO.NET 是 Microsoft .NET 框架引入的数据访问组件，.NET 框架提供了一组用于管理数据库交互的对象；这些类统称为 ADO.NET。其中，常用的对象如下。

1．利用 SqlConnection 对象创建到数据库的连接

```
SqlConnection对象名 = new SqlConnection(连接字符串);
```

Open( )方法：打开与数据库表的连接。

Close( )方法：关闭与数据库表的连接。

2．DataAdapter

DataAdapter(数据适配器)是与数据集一起使用的对象，其和一个数据库连接后用于填充数据集及更新数据源，它主要用于管理与数据库的连接、执行命令并向数据集返回数据。

其实现方法是 Fill，即将数据从数据源装载到数据集中。

3．DataSet

DataSet 对象是一个数据集，主要用来存放从数据库中取回的数据，可将 DataSet 看做一个小型的内存数据库，它包含表、列、行、约束和关系，其语法格式如下。

```
DataSet 对象名=new DataSet();
```

4．使用 DataAdapter 和 DataGridView 显示数据的过程

建立数据库连接(Connection)对象。使用 SQL 语句和 Connection 对象建立数据适配器，建立 DataSet 对象，使用 DataAdapter 进行数据填充，将 DataSet 绑定到 GridView 控件，即可在 GridView 上显示数据。

三、项目实施

任务一　创建数据和表

任务描述

用 SQL Server 2008 R2 创建 usermanage 数据库，并在该数据库中创建 userinfo 表。

预备知识

1．数据库

数据库即数据的仓库，用于保存数据信息。常用的数据库有 SQL Server、MySQL、Oracle 等关系数据库。数据库包含表，表包含字段，字段有类型。

2．SQL Server 中常用的字段类型

bit：整型，取值为[0,1,null]，用于存取布尔值。

tinyint：整型，取值为[0～256)。

smallint：整型，取值为[-2^{15}～2^{15})。

int：整型，取值为[-2^{31}～2^{31})。

decimal：精确数值型。示例：decimal(8,4); //共 8 位，小数点右有 4 位。

numeric：与 decimal 类似。

smallmoney：货币型。

money：货币型。

float：近似数值型。

real：近似数值型。

smalldatetime：日期时间型，表示从 1900 年 1 月 1 日到 2079 年 6 月 6 日间的日期和时间，精确到分钟。

datetime：日期时间型，从 1753 年 1 月 1 日到 9999 年 12 月 31 日间所有的日期和时间数据，精确到三百分之一秒或 3.33ms。

cursor：特殊数据型，包含一个对游标的引用，用于存储过程，创建表时不能使用。

timestamp：特殊数据型，用来创建一个数据库范围内的唯一数码，一个表中只能有一个 timestamp 列，每次插入或修改一行时，timestamp 列的值都会改变。

uniqueidentifier：特殊数据型，存储一个全局唯一标识符，即 GUID。

char：字符型，存储指定长度的定长非统一编码型的数据，必须指定列宽，列宽最大为 8000 个字符。

varchar：字符型，存储非统一编码型字符数据，数据类型为变长，要指定该列的最大长度，存储的长度不是列长，而是数据的长度。

text：字符型，存储大量的非统一编码型字符数据。

nchar：统一编码字符型，存储定长统一编码字符型数据，能存储 4000 个字符，统一

编码用双字节结构来存储每个字符。

nvarchar：统一编码字符型，用于存储变长的统一编码字符型数据。

ntext：统一编码字符型，用来存储大量的统一编码字符型数据。

binary：二进制数据类型，存储可达 8000 字节长的定长的二进制数据。

varbinary：二进制数据类型，用来存储可达 8000 字节长的变长的二进制数据。

image：二进制数据类型，用来存储变长的二进制数据。

3．主键

若表中一个列或者列的组合，其值能够唯一地标识表中的每一个行，则这样的一列或者多列称为表的主键，通过它可以强制表的实体完整性。

任务实施

步骤 1：创建数据库。

启动 SQL Server 2008 R2，在窗口中右击“数据库”节点，选择“新建数据库”选项，如图 2-1 所示。

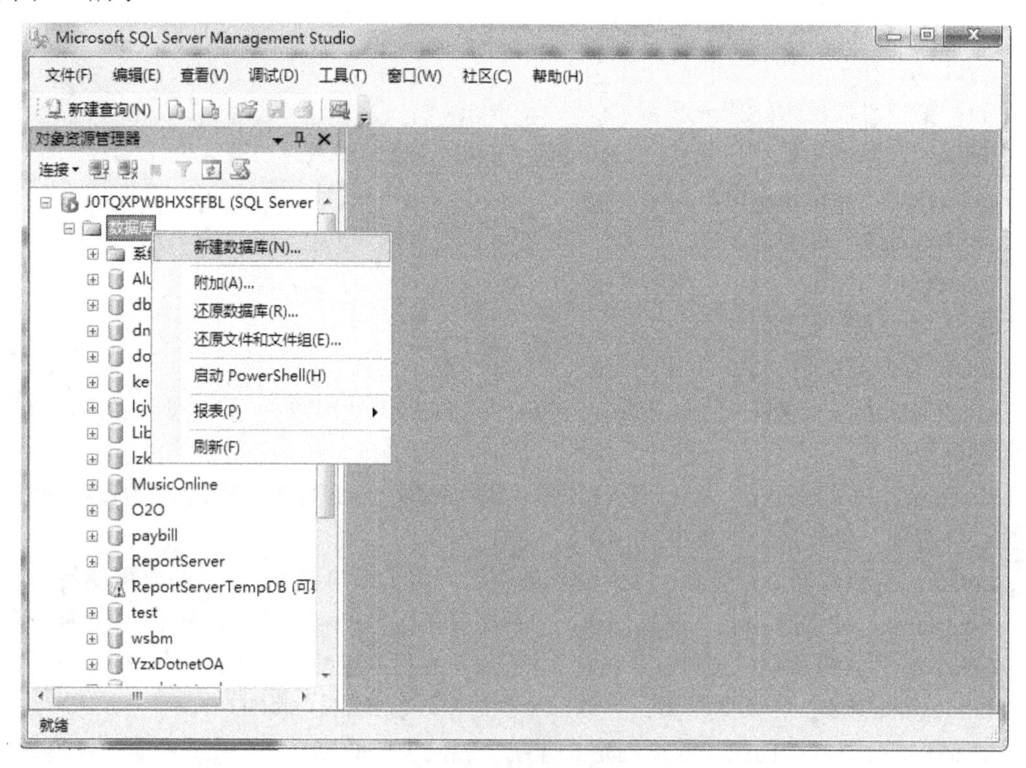

图 2-1 新建数据库

进入如图 2-2 所示的界面，选择“常规”选项卡，输入数据库名称，选择数据库的保存路径，单击“确定”按钮。

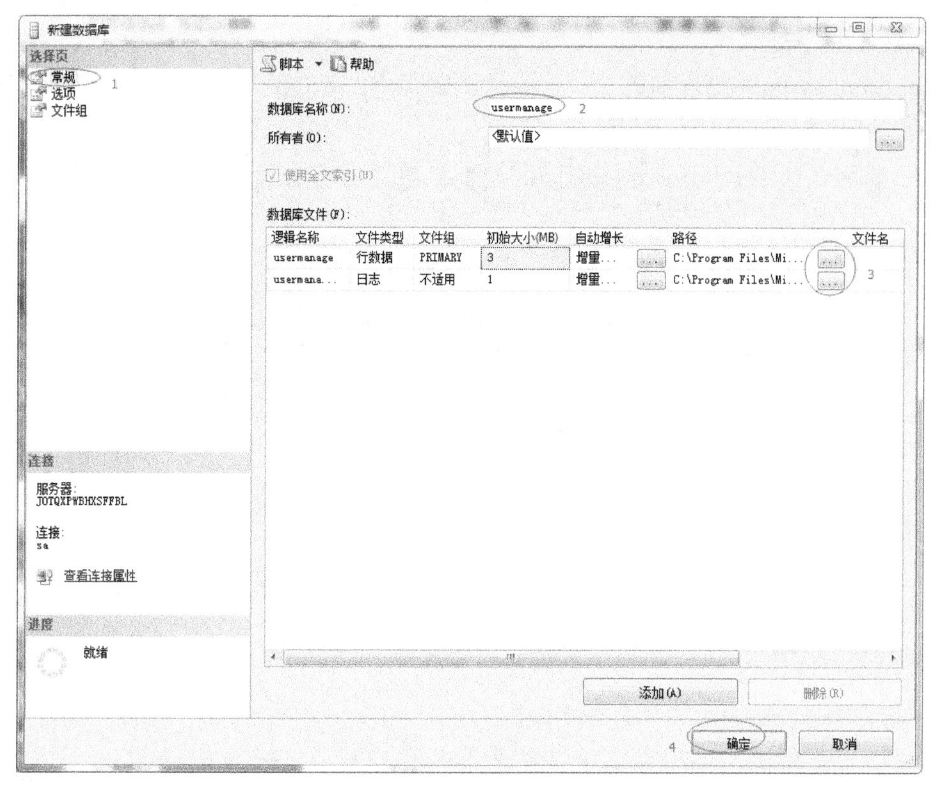

图 2-2　数据库的设置

完成数据库的创建，如图 2-3 所示。

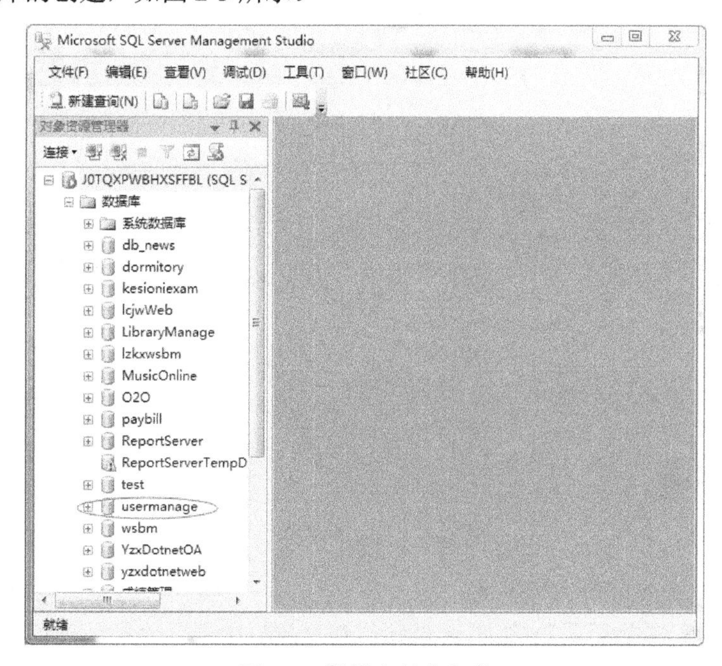

图 2-3　数据库创建完成

步骤 2：创建表。

单击 usermanage 数据库前的“+”，展开数据库，右击“表”节点，选择“新建表”选项，如图 2-4 所示。

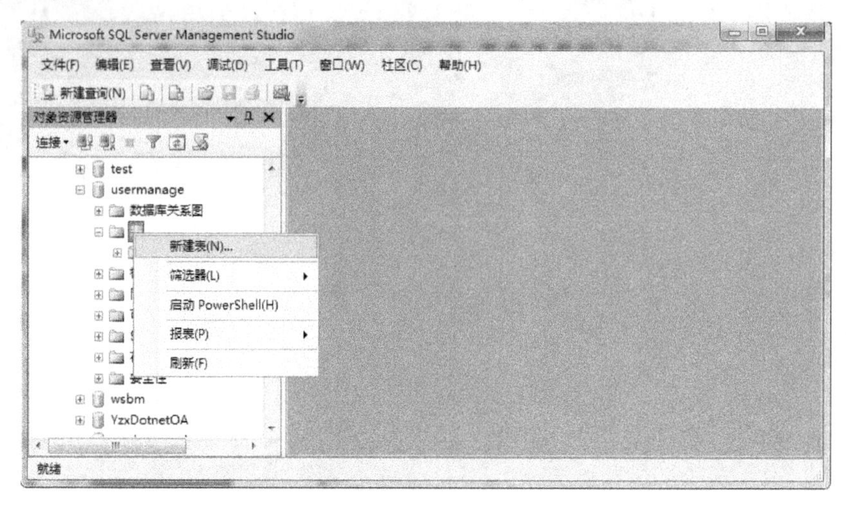

图 2-4 新建表

按图 2-5 添加 userinfo 表的各个字段。

图 2-5 添加表的字段

步骤 3：设置表的自动增长主键。

选择 id 字段，单击工具栏中的 按钮，在列属性中展开“标识规范”前的“+”，将“(是标识)”设置为“是”，设置完成后，将表保存为“userinfo”，如图 2-6 所示。

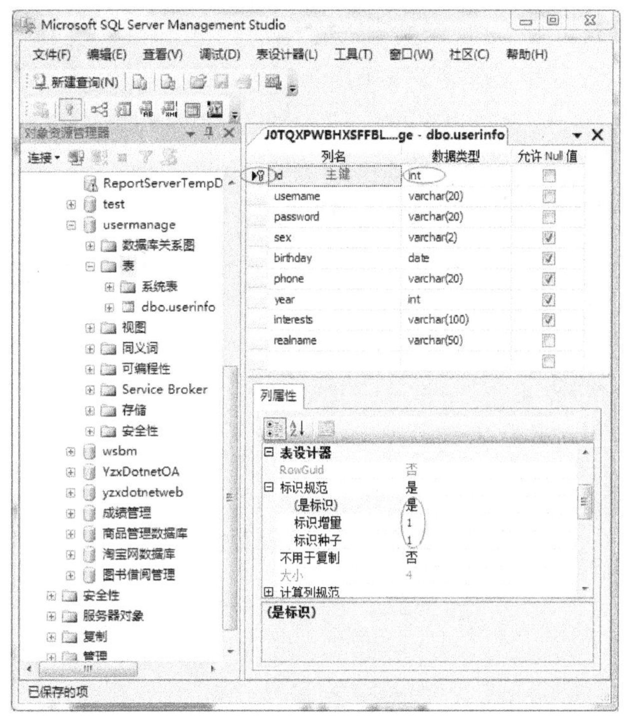

图 2-6　设置主键

步骤 4：添加测试数据。

右击选中的表，选择“编辑前 200 行”选项，如图 2-7 所示。

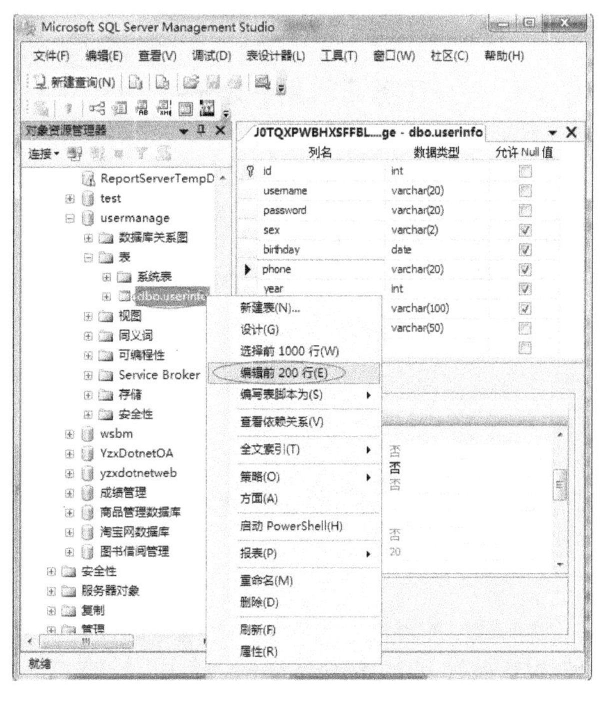

图 2-7　编辑表数据

在编辑窗口中输入如图 2-8 所示的测试数据。

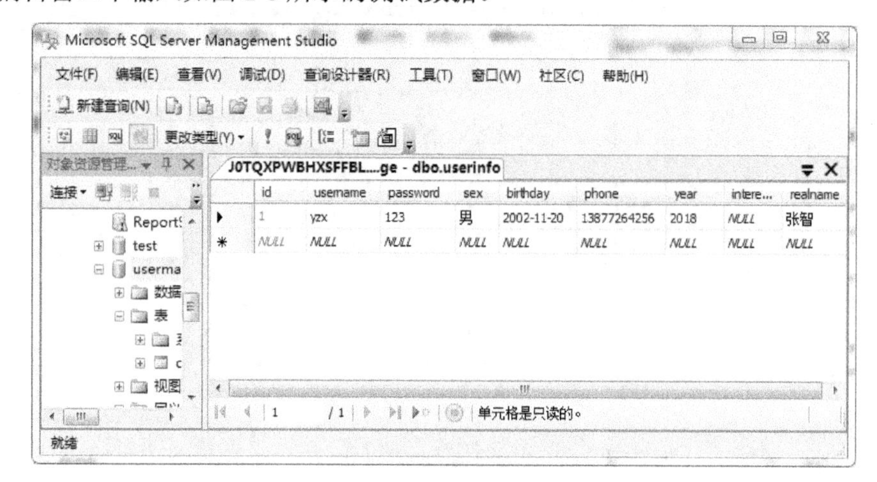

图 2-8 输入测试数据

任务二 创建网站项目

任务描述

创建 usermanage 网站。

任务实施

参照项目一的任务一完成本任务的网站创建。

任务三 用户注册

任务描述

添加 Web 窗体，窗体名为“reg”，允许用户填写用户名、密码、姓名、性别、生日、联系电话、入学年份、兴趣爱好等，并将数据添加到数据库的 userinfo 表中。要求进行数据验证，用户名和姓名必填，两个密码必须一致。

预备知识

1．验证控件

（1）RequiredFieldValidator 控件（空值验证）：验证控件内是否有数据输入，它是非空验证控件。

其常用属性如下。

ControlToValidate：必须赋值的属性，表示要进行验证的控件的 ID。

ErrorMessage：验证失败时显示的错误消息的文本。

Display：错误消息的显示方式，该值是一个枚举值，可取的值有以下 3 种。

① Static：表示作为页面布局的物理组成部分验证程序内容。

② None：表示从不内联显示的验证程序内容。

③ DyNamic：表示验证失败时动态添加到页面中的验证程序内容。

EnableClientScript：指示是否启用客户端验证。

（2）CompareValidator 控件（比较控件）：对一个控件中的值与另一个控件中的值或某个常数值做对比。

其常用属性如下。

ControlToValidate：表示要进行验证的控件的 ID。

CultureInvariantValues：该值指示是否在比较之前将值转换为非特定区域性格式。

Operator：要执行的比较操作，该值是一个枚举值，其中 Equal 表示相等；NotEqual 表示不相等。

GreaterThan 表示大于；GreaterThanEqual 表示大于或等于。

LessThan：表示小于；LessThanEqual 表示小于或等于。

DataTypeCheck：输入到验证控件中的值与 BaseCompareValidator.Type 属性指定的数据类型进行比较，如果无法将该值转换为指定的数据类型，则验证失败。

Type：在比较之前将所比较的值转换为指定的数据类型。

RenderUplevel：该值指示客户端的浏览器是否支持“上一级”呈现。

Text：验证失败时控件中显示的文本。

ValueToCompare：该值要与验证控件中的值进行比较。

（3）RangeValidator 控件（范围验证）：验证用户的输入是否在指定的范围内。它可以检查数字对、字幕对和日期对限定的范围，其中边界表示为常数。

其常用属性如下。

MaximumValue：验证范围的最大值。

MinimumValue：验证范围的最小值。

（4）RegularExpressionValidator 控件（正则表达式）：验证控件的值是否与某个正则表达式所定义的模式相匹配。通过这种类型的验证，可以检查可预知的字符序列，如身份证号码、电子邮件地址、电话号码、邮政编码等。

正则表达式是由普通字符与特殊字符组成的文字模式，该模式描述在查找文字主体时待匹配的一个或多个字符串，正则表达式作为一个模板，会将某个字符模式与所搜索的字符串进行匹配。ValidationExpression 属性中用到的字符如下。

"\w"表示任意单字符匹配，包括下画线；

"+" 表示匹配前一个字符一次或多次；

"." 表示任意字符；

"*" 表示和其他表达式一起，表示容易组合；

"[A-Z]" 表示任意大写字母；

"\d" 表示一个数字；

"^" 表示匹配输入的开始位置。

（在以上表达式中，引号不包括在内。）

（5）CustomValidator 控件（自定义验证）：自定义函数验证。

其常用属性如下。

ClientValidationFunction：验证的自定义客户端脚本函数的名称。

ServerValidate：在服务器上执行验证时发生。

（6）ValidationSummary 控件（验证汇总）：允许在单个位置概述网页上所有验证控件的错误消息。该控件的功能就是收集所有验证控件的错误信息并显示到单个位置上。

ValidationSummary 控件有许多用于显示错误信息模式和显示错误信息方式的属性，这些属性是其他验证控件所不具备的，它的显示信息由每个验证控件的 ErrorMessage 属性指定。

DisplayMode：验证摘要的显示模式，是一个枚举值。

List：验证摘要显示在列表中。

BulletList：验证摘要显示在项目符号列表中。

SingleParagraph：验证摘要显示在单个段落内。

ShowMessageBox：是否在消息框中显示验证摘要。

ShowSummary：是否内联显示验证摘要。

HeaderText：显示控件标题。

2．SqlConnection 对象

SqlConnection 对象用于与 SQL Server 数据库连接，用法如下。

```
SqlConnection conn = new SqlConnection(连接字符串);
conn.Open();//打开连接
//在此添加数据库操作代码
conn.Close();//关闭连接
```

3．SqlCommand 对象

与数据库建立连接后，SqlCommand 对象使用 SQL 语句对数据库进行操作并从数据源返回结果。

（1）创建 SqlCommand 实例：创建格式如下。

```
SqlCommand 对象名 = new SqlCommand(SQL语句, 连接名);
```

（2）ExecuteNonQuery()：返回受影响的行数。

当用 delete、insert、update 等 SQL 语句进行删、插、改等操作时要使用此方法。

4．添加数据

添加数据的 SQL 语句格式如下。

```
insert into 表名 (字段1, 字段2,...) VALUES (值1, 值2,....)
```

任务实施

步骤 1：创建 reg.aspx 文件，并制作表单，按图 2-9 所示方式进行布局，相关控件和属性如表 2-1 所示。

表 2-1　相关控件和属性

表单项	控件	属性名	属性值
用户名	TextBox	ID	t_username
密码	TextBox	ID	t_password
		TextMode	Password
确认密码	TextBox	ID	t_password1
		TextMode	Password
姓名	TextBox	ID	t_realname
性别	RadioButtonList	ID	r_sex
		Items	男，女
		RepeatDirection	Horizontal
生日	TextBox	ID	t_birthday
联系电话	TextBox	ID	t_phone
入学年份	TextBox	ID	t_year
兴趣爱好	CheckBoxList	ID	r_sex
		Items	男，女
		RepeatDirection	Horizontal
确定	Button	ID	Button1
重置	Button	ID	Reset1

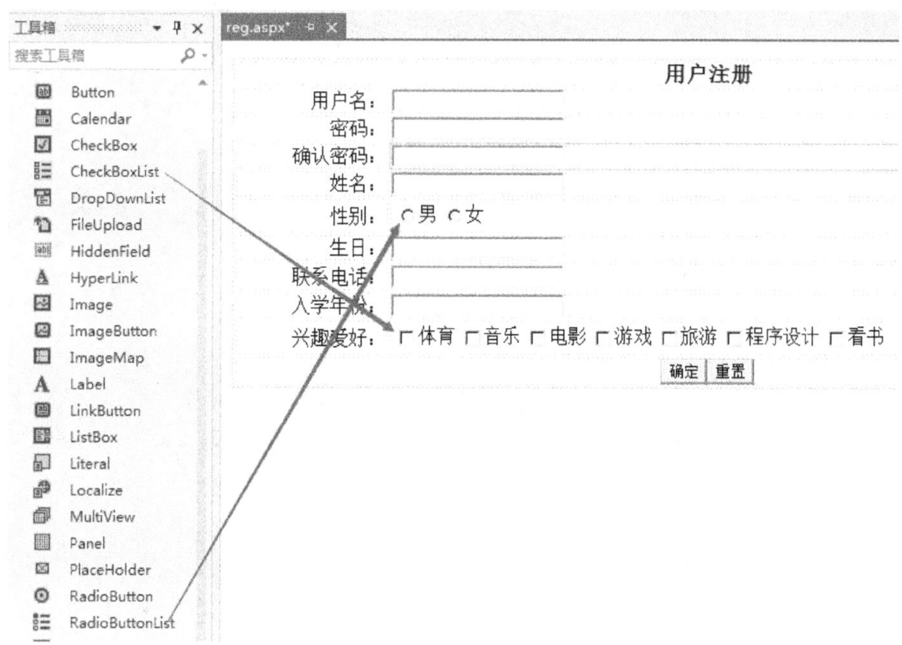

图 2-9　相关控件的布局

步骤 2：添加验证控件。按图 2-10 所示方式添加验证控件，验证控件的属性按表 2-2 进行设置。

表 2-2 验证控件

表单项	控件	属性名	属性值
用户名	RequiredFieldValidator	ControlToValidate	t_username
		ErrorMessage	请填写用户名
		ForeColor	#FF3300
密码	RequiredFieldValidator	ControlToValidate	t_password
		ErrorMessage	密码不能为空
		ForeColor	#FF3300
		Display	Dynamic
确认密码	CompareValidator	ControlToCompare	t_password1
		ControlToValidate	t_password
		Display	Dynamic
		ErrorMessage	密码不一致
		ForeColor	#FF3300

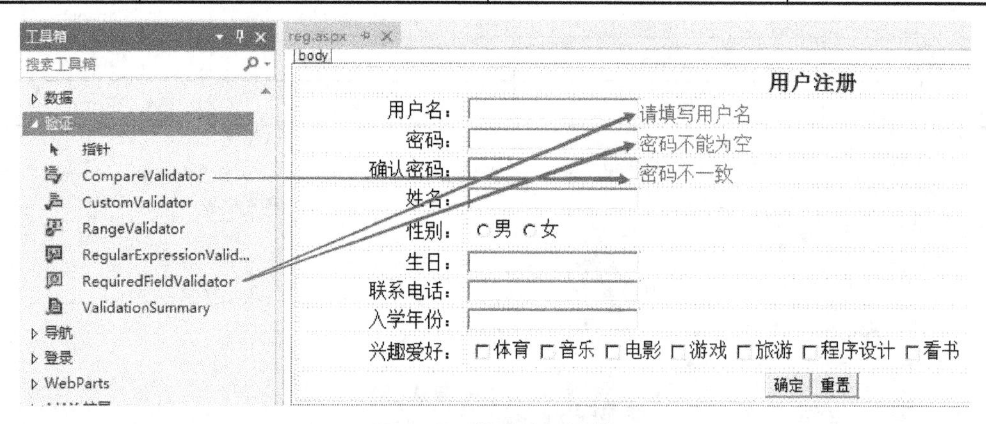

图 2-10 设置验证控件

步骤 3：编写代码，实现注册功能。

双击“确定”按钮，在“确定”按钮的单击事件中编写代码。

```
    protected void Button1_Click(object sender, EventArgs e)
    {
        //数据库连接字符串
          string constr = "server=.;database=usermanage;Integrated
Security=SSPI";
        //创建数据库连接对象
          SqlConnection conn = new SqlConnection(constr);
        //添加数据的SQL语句
```

```
            string sql = "insert into
userinfo(username,password,realname,sex,birthday,phone,year,interests)
values(@username,@password,@realname,@sex,@birthday,@phone,@year,@interests)";
            //创建SQL命令对象
        SqlCommand comm = new SqlCommand(sql, conn);
            comm.Parameters.AddWithValue("username", t_username.Text);
            comm.Parameters.AddWithValue("password", t_password.Text);
            comm.Parameters.AddWithValue("realname", t_realname.Text);
            comm.Parameters.AddWithValue("sex", r_sex.SelectedValue);
            comm.Parameters.AddWithValue("birthday", t_birthday.Text);
            comm.Parameters.AddWithValue("phone", t_phone.Text);
            comm.Parameters.AddWithValue("year", t_year.Text);
            //将兴趣爱好选项组合成用逗号分隔的字符串
            string interests="";
            for(int i=0;i<ch_interests.Items.Count;i++)
            {
                if(ch_interests.Items[i].Selected==true)
                    interests=interests+ch_interests.Items[i].Value+",";
            }
            interests=interests.TrimEnd(',');//删除最后的逗号
            comm.Parameters.AddWithValue("interests", interests);
             conn.Open();//打开数据库连接
            int n = comm.ExecuteNonQuery();//执行命令
            conn.Close();//关闭数据库连接
            string success ="";
            if (n > 0)//如果有1条以上数据受影响(即添加数据成功)，则重新加载页面
                success = "1";
            else
                success = "0";
            Response.Redirect("regsuccess.aspx?s="+success);
        }
```

步骤 4：添加 Web 窗体，窗体名为“regSuccess”，核心代码如下。

```
    <body>
        <div style="text-align:center;">
            <%if (Request.QueryString["s"] == "1"){ %>
            注册成功！<a href="login.aspx">登录</a>
            <%}else {%>
            注册失败！<a href="#" onclick="javascript:back(-1);">返回</a>
            <% }%>
```

```
    </div>
</body>
```

任务四　用户登录

任务描述

用户注册成功后，可以利用注册的用户名和密码进行登录。

预备知识

查询数据的 SQL 语句如下。

```
select 字段1,字段2,… from 表名 where 条件
```

如果查询表中的所有字段，可以用“*”代替字段列表，例如：

```
select * from userinfo where username="admin" and password="123"
```

此语句表示查询用户名为 admin、密码为 123 的用户的信息。

任务实施

步骤 1：添加 Web 窗体，窗体名为“regSuccess”，按图 2-11 所示方式进行布局。

用户登录

用户名：

密码：

登录　注册

图 2-11　窗体的布局

窗体核心代码如下。

```
        <form id="form1" runat="server">
        <div style="margin:100px auto; width:400px;">
            <table style="width: 400px; height: 137px;">
                <tr><td colspan="2" class="center"><h3>用户登录
</h3></td></tr>
                <tr><td class="right">用户名：</td>
                    <td ><asp:TextBox ID="t_username"
runat="server"></asp:TextBox></td>
                </tr>
                <tr><td  class="right">密码：</td>
                    <td ><asp:TextBox ID="t_password"
runat="server"></asp:TextBox></td>
```

```
                </tr>
                <tr>
                    <td colspan="2" class="center">
                        <asp:Button ID="Button1" runat="server" Text="登录"
OnClick="Button1_Click" />
                         <a href="reg.aspx">注册</a></td>
                </tr>
            </table>
        </div>
        </form>
```

步骤 2：编写代码，实现登录功能。

```
    protected void Button1_Click(object sender, EventArgs e)
    {
            string constr = "server=.;database=usermanage;Integrated
Security=SSPI";//数据库连接字符串
            SqlConnection conn = new SqlConnection(constr);//创建数据库连接对象
            string sql = "select * from userinfo where username=@username and
password=@password";//SQL语句
            SqlCommand comm = new SqlCommand(sql, conn);//创建SQL命令对象
            comm.Parameters.AddWithValue("username", t_username.Text);
            comm.Parameters.AddWithValue("password", t_password.Text);
            conn.Open();//打开数据库连接
            SqlDataReader rd = comm.ExecuteReader();//执行命令
            if (rd.HasRows)
            {
                rd.Read();
                Session["userid"] = rd["id"].ToString();
                conn.Close();//关闭会话连接
                Response.Redirect("usermanage.aspx");
            }
            conn.Close();//关闭数据库连接
    }
```

任务五　用户管理

任务描述

设计用户的查询、修改、删除管理页面，提供方便的操作和链接，要求用 GridView 控件显示用户信息。

预备知识

GridView 的功能：以表格的形式显示数据源中的数据。每列表示表中的一个字段，每行表示一条记录。

1．常用属性

AllowPaging：是否启用分页功能。

AllowSorting：是否启用排序功能。

DataKeyNames：GridView 控件中项的主键字段名称。

DataKeys：GridView 控件中每一行的数据键值。

DataSource：数据绑定控件的数据源。

PageCount：数据源记录的总页数。

PageSize：每页显示的记录条数。

PageIndex：当前页的索引。

2．字段列

BoundField：普通数据绑定列，用于显示普通文本（应用最多）。

CheckBoxField：复选框数据绑定列，用于显示布尔型数据，绑定数据值为 True 时，表示选中，否则表示未选中。

CommandField：命令数据绑定列，用来执行选择、删除、编辑操作的预定义命令按钮（应用较多）。

ImageField：图片数据绑定列，用来显示图片，一般情况下绑定为图片的路径。

HyperLinkField：超链接数据绑定列，可自定义绑定超链接的文字、URL 或打开窗口的方式。

ButtonField：按钮数据绑定列，用来为 GridView 控件创建命令按钮。

TemplateField：模板数据绑定列，允许以模板形式定义数据绑定列的内容。

任务实施

步骤 1：添加 Web 窗体，窗体名为“userManage”，姓名文本框的 ID 属性为“t_realname”，按图 2-12 所示方式进行布局。

用户管理

姓名：[   ] 查询 修改密码

Column0	Column1	Column2
abc	abc	abc
abc	abc	abc
abc	abc	abc
abc	abc	abc
abc	abc	abc

图 2-12　用户管理页面的布局

步骤 2：设置 GridView 控件属性。

选择 GridView1 控件，将 DataKeyNames 属性设置为“id”，即数据的 id 值作为 GridView1 的主键，如图 2-13 所示。

图 2-13　属性设置

单击 Columns 属性右侧的“(集合)”标识，弹出如图 2-14 所示的对话框。

图 2-14　“字段”对话框

按表 2-3 添加各字段，并设置各字段的属性。

表 2-3　添加字段及设置属性

字段	字段类型	属性	属性值
编号	BoundField	DataField	id
		HeaderText	编号
用户名	BoundField	DataField	username
		HeaderText	用户名
姓名	BoundField	DataField	realname
		HeaderText	姓名
性别	BoundField	DataField	sex
		HeaderText	性别
生日	BoundField	DataField	birthday
		HeaderText	生日
联系电话	BoundField	DataFormatString	{0:D}
		DataField	phone
入学年份	BoundField	HeaderText	联系电话
		DataField	year
		HeaderText	入学年份
兴趣爱好	BoundField	DataField	interests
		HeaderText	兴趣爱好
选择	CommandField	ShowSelectButton	true
删除	CommandField	ShowDeleteButton	true

用户管理页面的效果如图 2-15 所示。

用户管理

姓名：[　　　] 查询 修改密码

编号	用户名	姓名	性别	生日	联系电话	入学年份	兴趣爱好		
数据绑定	数据绑定	数据绑定	数据绑定	数据绑定	数据绑定	数据绑定	数据绑定	选择	删除
数据绑定	数据绑定	数据绑定	数据绑定	数据绑定	数据绑定	数据绑定	数据绑定	选择	删除
数据绑定	数据绑定	数据绑定	数据绑定	数据绑定	数据绑定	数据绑定	数据绑定	选择	删除
数据绑定	数据绑定	数据绑定	数据绑定	数据绑定	数据绑定	数据绑定	数据绑定	选择	删除
数据绑定	数据绑定	数据绑定	数据绑定	数据绑定	数据绑定	数据绑定	数据绑定	选择	删除

图 2-15　用户管理页面效果

步骤 3：编写代码，实现页面的管理功能。

```
//窗体加载事件
protected void Page_Load(object sender, EventArgs e)
{
    if (Session["userid"] == null) Response.Redirect("login.aspx");
    ShowData();
}
//“查询”按钮事件
protected void Button1_Click(object sender, EventArgs e)
```

```
        {
            ShowData();
        }
        //显示查询结果
        private void ShowData()
        {
            string realname = t_realname.Text.Trim();
            string sql = "select * from userinfo";
           //如果姓名不为空
            if (!string.IsNullOrEmpty(realname))
                sql = sql + " where realname like '%" + realname + "%'";
           //数据库连接字符串
            string constr = "server=.;database=usermanage;Integrated 
Security=SSPI";
            SqlConnection conn = new SqlConnection(constr);//创建数据库连接对象
            conn.Open();//打开数据库连接
            DataSet ds = new DataSet();
            SqlDataAdapter adapt = new SqlDataAdapter(sql,conn);
            adapt.Fill(ds,"userinfo");
            GridView1.DataSource = ds.Tables["userinfo"];
            GridView1.DataBind();
            conn.Close();//关闭数据库连接
        }
        //选择事件
        protected void GridView1_SelectedIndexChanged(object sender, 
EventArgs e)
        {
            string id = GridView1.SelectedValue.ToString();//取得选择的数据行
用户id值
            Response.Redirect("edituserinfo.aspx?id="+id);
        }
        //“修改密码”按钮事件
        protected void Button2_Click(object sender, EventArgs e)
        {
            Response.Redirect("changePassword.aspx");
        }
```

任务六　修改密码

任务描述

修改登录用户的密码，要求正确输入原密码后，才能修改新密码。

预备知识

修改数据的 SQL 语句格式如下。

```
update表名 set 字段名 = 新值 where字段名= 某值
```

例如：

```
update userinfo set password="456"  where id=1
```

表示将 id 为 1 的用户的密码改为 456。

任务实施

步骤 1：创建 Web 窗体，名称为 changePassword.aspx，页面布局如图 2-16 所示。

旧密码：
新密码：
确认密码：
[Label1]
确定

图 2-16　页面布局

此页面的核心代码如下。

```
        <form id="form1" runat="server">
        <div>
            旧密码：<asp:TextBox ID="TextBox1" runat="server"></asp:TextBox>
            <br />
            新密码：<asp:TextBox ID="TextBox2" runat="server"></asp:TextBox>
            <br />
            确认密码：<asp:TextBox ID="TextBox3" runat="server"></asp:TextBox>
            <br />
            <asp:Label ID="Label1" runat="server"></asp:Label>
            <br />
            <asp:Button ID="Button1" runat="server" onclick="Button1_Click" 
Text="确定" />
        </div>
        </form>
```

步骤 2：编写代码，实现功能。

```
    protected void Button1_Click(object sender, EventArgs e)
```

```
    {
            //数据库连接字符串
    string constr = "server=.;database=usermanage;Integrated
Security=SSPI";
        SqlConnection conn = new SqlConnection(constr);//创建数据库连接对象
            string sql = "select * from userinfo where id=@id and
password=@password";//SQL语句
            SqlCommand comm = new SqlCommand(sql, conn);//创建SQL命令对象
            comm.Parameters.AddWithValue("id", Session["userid"]);
            comm.Parameters.AddWithValue("password", TextBox1.Text);
            conn.Open();//打开数据库连接
            SqlDataReader rd = comm.ExecuteReader();    //执行命令
            if (rd.HasRows)
            {
                rd.Close();
                sql = "update userinfo set password=@password1  where id=@id1";
                comm.Parameters.AddWithValue("id1", Session["userid"]);
                comm.Parameters.AddWithValue("password1", TextBox1.Text);
                int n=comm.ExecuteNonQuery();
                if (n > 0)
                {
                    Response.Redirect("usermanage.aspx");
                }
            }
            else
            {
                Label1.Text = "原密码错误";
            }
            conn.Close();//关闭数据库连接
    }
```

任务七 修改用户信息

任务描述

创建修改资料页面，用户可以在此页面中修改注册的信息，要求先显示原信息，以方便用户修改。

任务实施

步骤 1：创建 Web 窗体，名称为 editUserinfo.aspx，修改资料页面布局如图 2-17 所示。

修改资料

用户名：

姓名：

性别： ○男 ○女

生日：

联系电话：

入学年份：

兴趣爱好： □体育 □音乐 □电影 □游戏 □旅游 □程序设计 □看书

确定 重置

图 2-17 修改资料页面布局

步骤 2：实现显示原信息功能。

```
    string constr = "server=.;database=usermanage;Integrated
Security=SSPI";
    protected void Page_Load(object sender, EventArgs e)
    {
        if (!IsPostBack)
        {
            string id = Request.QueryString["id"];//取得要修改的用户ID
            SqlConnection conn = new SqlConnection(constr);//创建数据库连
接对象
            string sql = "select * from userinfo where id=@id";//SQL语句
            SqlCommand comm = new SqlCommand(sql, conn);//创建SQL命令对象
            comm.Parameters.AddWithValue("id", id);
            conn.Open();//打开数据库连接
            SqlDataReader rd = comm.ExecuteReader();//执行命令
            if (rd.HasRows)
            {
                rd.Read();
                t_username.Text = rd["username"].ToString();
                t_birthday.Text =string.Format("{0:d}", rd["birthday"]);
                t_realname.Text = rd["realname"].ToString();
                t_phone.Text = rd["phone"].ToString();
                t_year.Text = rd["year"].ToString();
                r_sex.SelectedValue = rd["sex"].ToString();
                for (int i = 0; i < ch_interests.Items.Count; i++)
                {
```

```
                    string interests=rd["interests"].ToString();
                    if (interests.IndexOf(ch_interests.Items[i].Value) >= 0)
                    {
                        ch_interests.Items[i].Selected = true;
                    }
                }
            }
            conn.Close();//关闭数据库连接
        }
    }
```

步骤3：实现修改信息功能。

```
    protected void Button1_Click(object sender, EventArgs e)
     {
          string id = Request.QueryString["id"];//取得要修改的用户ID
          SqlConnection conn = new SqlConnection(constr);//创建数据库连接对象
          string sql = "update userinfo set
username=@username,realname=@realname,sex=@sex,birthday=@birthday,phone=@pho
ne,year=@year,interests=@interests where id=@id";          //数据添加SQL语句
          SqlCommand comm = new SqlCommand(sql, conn);//创建SQL命令对象
          comm.Parameters.AddWithValue("username", t_username.Text);
          comm.Parameters.AddWithValue("realname", t_realname.Text);
          comm.Parameters.AddWithValue("sex", r_sex.SelectedValue);
          comm.Parameters.AddWithValue("birthday", t_birthday.Text);
          comm.Parameters.AddWithValue("phone", t_phone.Text);
          comm.Parameters.AddWithValue("year", t_year.Text);
          comm.Parameters.AddWithValue("id", id);
          //将兴趣爱好选项组合成用逗号分隔的字符串
          string interests = "";
          for (int i = 0; i < ch_interests.Items.Count; i++)
          {
              if (ch_interests.Items[i].Selected == true)
                  interests = interests + ch_interests.Items[i].Value + ",";
          }
          interests = interests.TrimEnd(',');   //删除最后的逗号
          comm.Parameters.AddWithValue("interests", interests);
          conn.Open();                                  //打开数据库连接
          int n = comm.ExecuteNonQuery();           //执行命令
          conn.Close(); //关闭数据库连接
          if (n > 0)      //如果有1条以上数据受影响(即修改数据成功)，则重新加载页面
```

```
            Response.Redirect("usermanage.aspx");
    }
```

四、项目总结

本项目为了实现用户信息的注册、修改等功能，用到了 SQL Server 2008 R2 数据库，使用了 ASP.NET 的 Label、TextBox、Button、CheckBoxList 等常用控件及常用表单验证控件；利用了 GridView 控件进行数据的显示，用 ADO.NET 技术实现了对数据库的操作。

五、知识巩固

参照本项目用户管理功能，实现用户信息的删除操作。

项目三　在线音乐

一、项目背景

某音乐爱好者为了分享自己喜爱的音乐，现需要开发一个在线音乐试听网站，用于宣传自己的音乐及扩大自己音乐工作室的影响力。

二、项目分析

（一）功能分析

（1）前台功能：网站访问者可以通过音乐名、演唱者查找音乐；可以在线试听音乐，但不能下载音乐。

（2）后台功能：网站管理者登录后，可进行音乐的上传、下载、查询、修改及删除操作。

（二）数据库结构

T_Music（音乐表）

字段名	数据类型	是否允许空值	说明
Id	int	否	主键，自动编号
MusicName	nvarchar(50)	否	音乐名称
MusicPath	nvarchar(100)	否	音乐保存路径
LyricPath	nvarchar(100)	否	歌词保存路径
Singer	int	否	演唱者
AddDate	datetime	否	上传时间

T_Manager（管理员表）

字段名	数据类型	是否允许空值	说明
Id	int	否	主键，自动编号
UserName	nvarchar(50)	否	用户名
Password	nvarchar(50)	否	登录密码

T_Style（音乐类型表）

字段名	数据类型	是否允许空值	说明
Id	int	否	主键，自动编号
Style	nvarchar(50)	否	类型

（三）项目结构

本项目用到了软件项目开发中常用到的三层结构，包含 4 个项目，分别是 BLL（业务逻辑层）、DAL（数据访问层）、Model（领域模型）及 Web（用户界面层）。

（四）技术介绍

（1）三层开发模型：所谓的三层开发就是将系统的整个业务应用划分为表示层、业务逻辑层和数据访问层，这样有利于系统的开发、维护、部署和扩展。

分层是为了实现“高内聚，低耦合”，采用“分而治之”的思想，把问题划分开来各个解决，易于控制、延展和分配资源。

三层开发模型的特点如下。

表示层：主要表示为 Web 方式，也可以表示为 WinForm 方式。如果逻辑层相当强大和完善，则无论表现层如何定义和更改，逻辑层都能完善地提供服务。

业务逻辑层：主要是针对具体问题的操作，也可以理解成对数据层的操作，对数据业务的逻辑处理。如果说数据层是积木，那么逻辑层就是对这些积木的搭建。

数据访问层：主要是对原始数据(数据库或者文本文件等存放数据的形式)的操作，而不是指原始数据，也就是说，它是对数据的操作，而不是数据库，即为业务逻辑层或表示层提供数据服务。

（2）类库：一个综合性的面向对象的可重用类型集合，这些类型包括接口、抽象类和具体类。

（3）ADO.NET 中数据库的新增、修改、删除步骤如下：创建数据库连接对象 SqlConnection→打开连接→创建命令对象 SqlCommand→执行命令对象的 ExecuteNonQuery 方法→关闭命令对象→关闭连接对象。

（4）ADO.NET 中数据库的数据查询步骤如下：创建数据库连接对象 SqlConnection→打开连接→创建命令对象 SqlCommand→执行命令对象的 ExecuteNonQuery 方法→关闭命令对象→关闭连接对象。

三、项目实施

任务一　创建领域模型

任务描述

分别创建领域模型 Music（音乐）、Manager（管理员）和 Style（类别）类。

预备知识

领域模型也称业务对象模型，是描述业务用例实现的对象模型。它是对业务角色和业务实体之间应该如何联系和协作来执行业务的一种抽象。业务对象模型从业务角色内部的观点定义了业务用例。该模型为产生预期效果确定了业务人员及其处理和使用的对象（即业务类和对象）之间应该具有的静态和动态关系。它注重业务中承担的角色及其当前职责。这些模型类的对象组合在一起可以执行所有的业务用例。

任务实施

步骤 1：创建 Model 项目。

启动 Visual Studio 2013，选择“文件”→“选项目”选项，在弹出的对话框中进行如图 3-1 所示的设置。

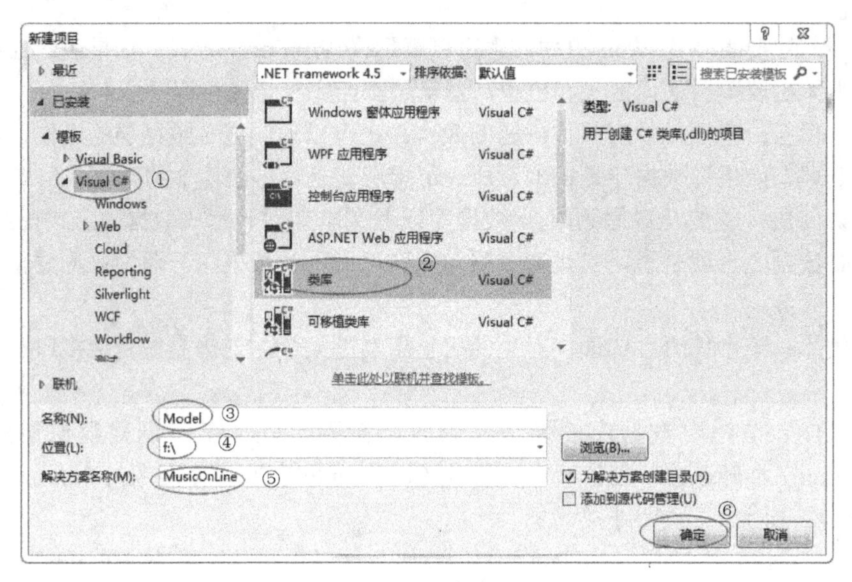

图 3-1　创建项目

单击“确定”按钮后，进入如图 3-2 所示的界面。

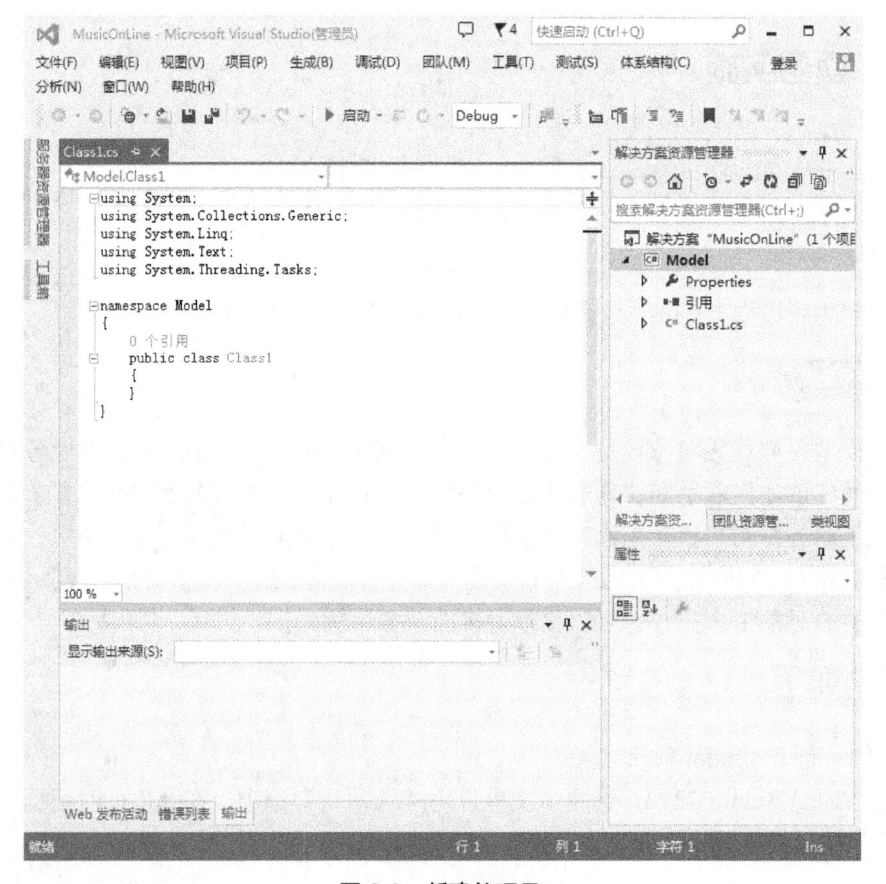

图 3-2　新建的项目

步骤 2：创建类。

删除自动产生的 Class1.cs 文件，右击“解决方案”中的“Model”项目，选择“添加”→“类”选项，单击“添加”按钮，如图 3-3 所示。

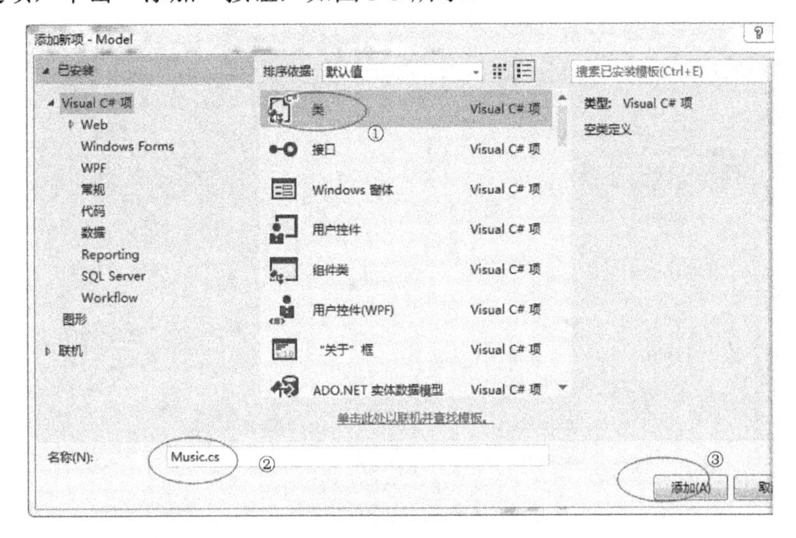

图 3-3　创建类

设置完成后进入如图 3-4 所示的界面。

图 3-4　创建好的类

步骤 3：其实现代码如图 3-5 所示。

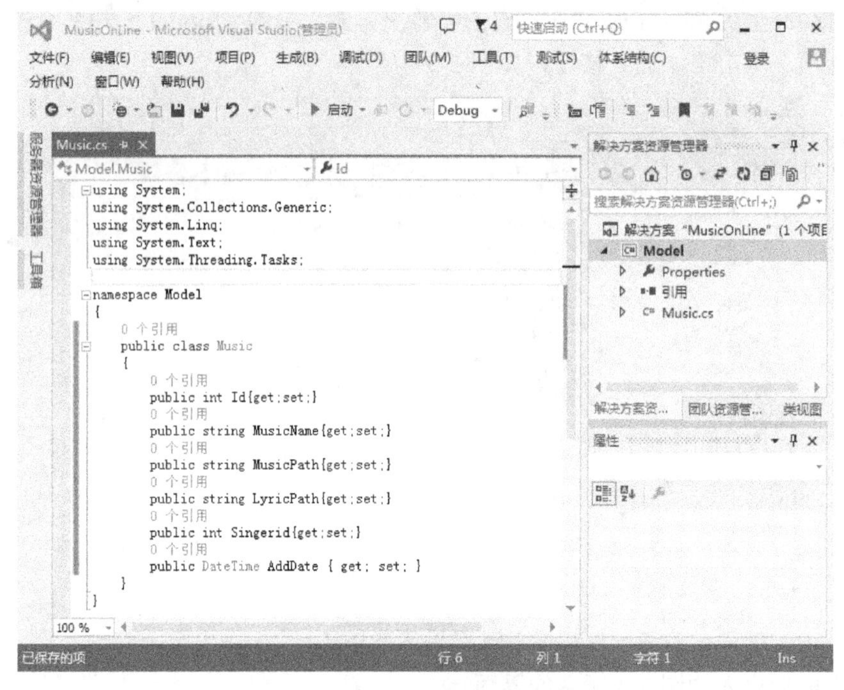

图 3-5　实现代码

完成 Music 类的创建，重复以上步骤，分别在 Model 项目中创建 Manager 类和 Style 类。各个模型类的创建代码如下。

Manager 类：

```
public class Manager
 {
        public int Id{get;set;}                //编号
        public string UserName{get;set;}       //登录名
        public string PassWord{get;set;}       //密码
    }
```

Music 类：

```
public class Music
{
        public int Id{get;set;}                 //编号
        public string MusicName{get;set;}       //音乐名称
        public string MusicPath{get;set;}       //保存路径
        public string Lyric{get;set;}           //歌词
        public string Style{get;set;}           //类别
        public string Singer{get;set;}          //演唱者
        public DateTime AddTime{get;set;}       //添加时间
```

```
    }
```

Style 类：

```
public class Style
    {
        public int Id{get;set;}                  //编号
        public string Style{get;set;}            //类别名称
    }
```

任务二　音乐管理数据访问层

任务描述

创建音乐管理数据访问层，新建 MusicDAL 类。

预备知识

数据访问层就是通过 DAL 对数据库进行的 SQL 操作。数据访问层的主要职责是读取数据和传递数据。

任务实施

步骤 1：创建 DAL 项目。

右击解决方案中的“MusicOnLine”，选择“添加”→“新建项目”选项，如图 3-6 所示。

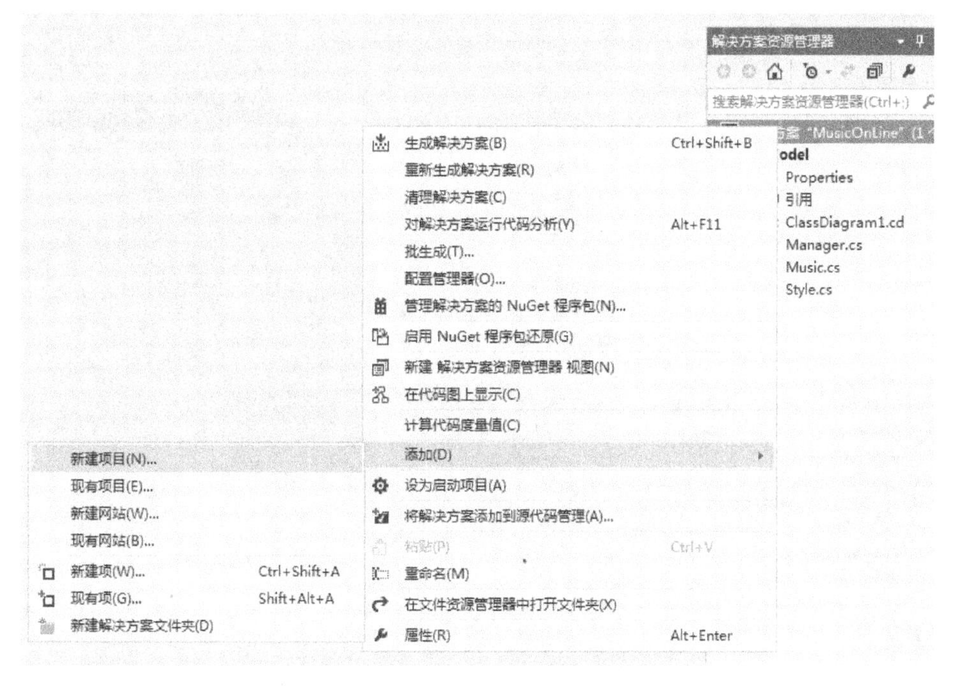

图 3-6　新建项目

在弹出的对话框中，按如图 3-7 所示方式进行设置。

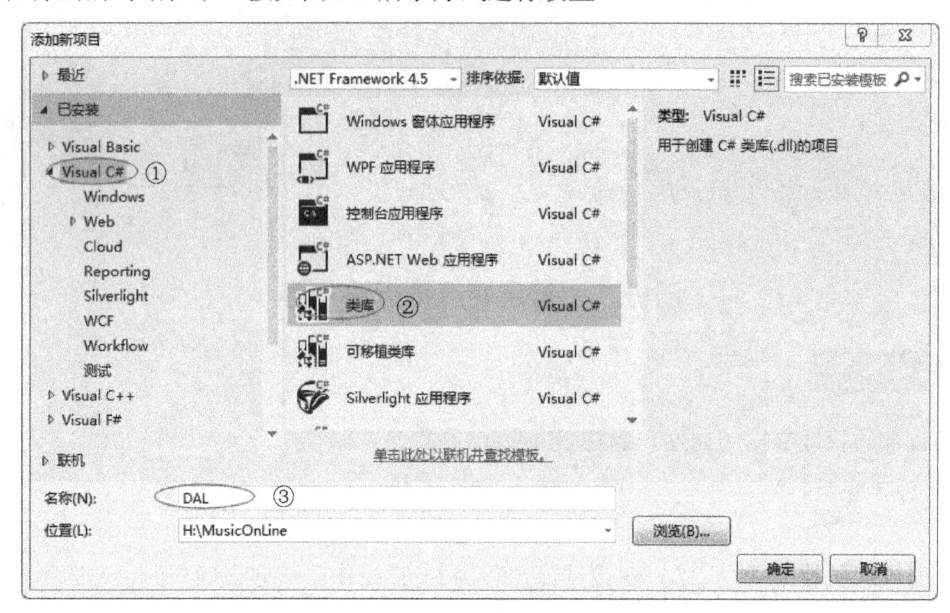

图 3-7　相关设置

新建 DAL 项目，删除自动产生的 Class1.cs 文件，添加 MusicDAL 类。

步骤 2：引入 Model 项目。

右击“DAL”项目，选择“添加”→“引用”选项，如图 3-8 所示。

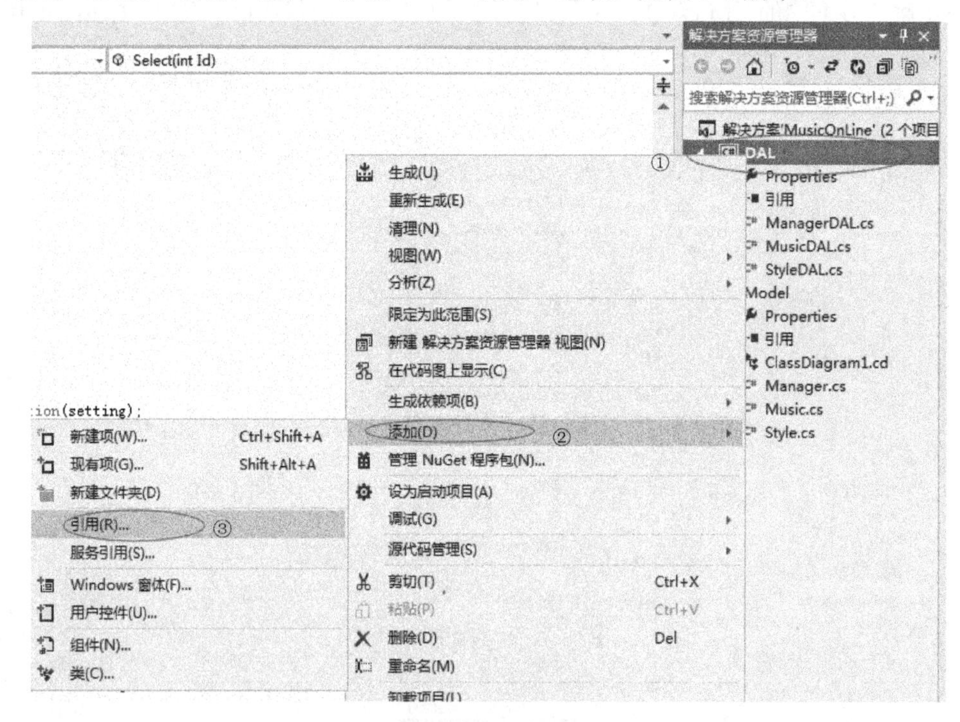

图 3-8　添加引用

在弹出的对话框中选择“解决方案”→“项目”选项，勾选“Model”复选框，单击“确定”按钮，如图3-9所示。

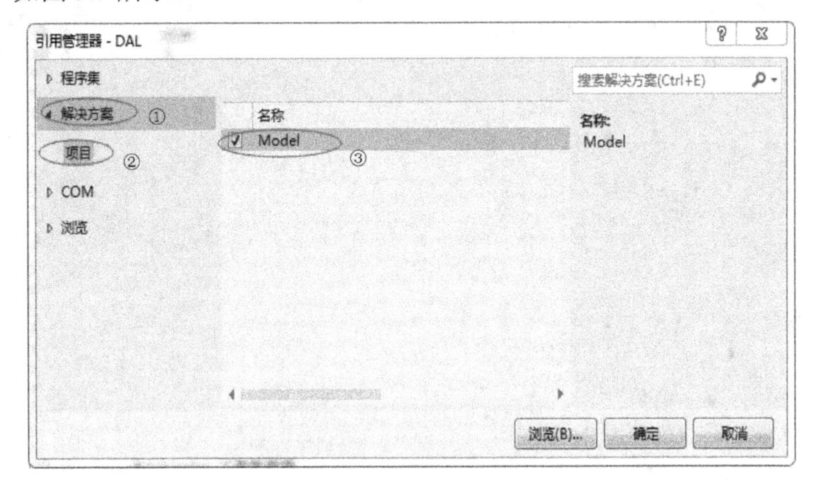

图 3-9　引用管理器

步骤3：创建MusicDAL类，并编写代码。

在MusicDAL类中添加bool Add(Model.Music model)方法，实现添加音乐操作，代码如下。

```
        //sa为数据库登录账号,123456为登录密码
        string setting = "Data Source=.;Initial Catalog=MusicOnline;User
ID=sa;Password=123456";
        public bool Add(Model.Music model)
         {
                //创建数据库对象
                SqlConnection myconn = new SqlConnection(setting);
                //打开连接
                myconn.Open();
                //创建命令对象，并准备好操作数据库的SQL语句
                string sql = "insert into T_Music([MusicName],[MusicPath],
[Lyric],[Styleid],[Singer],[addtime]) values
(@musicname,@musicpath,@lyric,@style,@singer,@addtime)";
                SqlCommand cmd = new SqlCommand(sql, myconn);
                //为SQL语句匹配相关参数并赋值
                cmd.Parameters.AddWithValue("@musicname", model.MusicName);
                cmd.Parameters.AddWithValue("@musicpath", model.MusicPath);
                cmd.Parameters.AddWithValue("@lyric", model.Lyric);
                cmd.Parameters.AddWithValue("@style", model.Style);
                cmd.Parameters.AddWithValue("@singer", model.Singer);
                cmd.Parameters.AddWithValue("@addtime", model.AddTime);
```

```
                //执行SQL语句并返回受影响的行数，若受影响行数大于0，则表示执行成功，否
则表示执行失败
                if (cmd.ExecuteNonQuery() > 0)
                {
                    cmd.Dispose();
                    myconn.Dispose();
                    return true;
                }
                else
                {
                    cmd.Dispose();
                    myconn.Dispose();
                    return false;
                }
        }
```

步骤 4：添加 bool Delete(Model.Music model)方法，实现删除音乐操作，代码如下。

```
        public bool Delete(Model.Music model)
         {
                //创建数据库对象
                SqlConnection myconn = new SqlConnection(setting);
                //打开连接
                myconn.Open();
                //创建命令对象，并准备好操作数据库的SQL语句
                SqlCommand cmd = new SqlCommand("delete from T_Music where
Id=@id", myconn);
                //为SQL语句匹配相关参数并赋值
                cmd.Parameters.AddWithValue("@id", model.Id);
                if (cmd.ExecuteNonQuery() > 0)
                {
                    cmd.Dispose();
                    myconn.Dispose();
                    return true;
                }
                else
                {
                    cmd.Dispose();
                    myconn.Dispose();
                    return false;
                }
```

```
    }
```

步骤 5：添加 bool Update (Model.Music model) 方法，实现修改音乐信息操作，代码如下。

```
    public bool Update(Model.Music model)
    {
            SqlConnection myconn = new SqlConnection(setting);
            myconn.Open();
            SqlCommand cmd = new SqlCommand("update T_Music set
MusicName=@musicname,MusicPath=@musicpath,Lyric=@lyric,Styleid=@style,Singer
=@singer where Id=@id", myconn);
            cmd.Parameters.AddWithValue("@musicname", model.MusicName);
            cmd.Parameters.AddWithValue("@musicpath", model.MusicPath);
            cmd.Parameters.AddWithValue("@lyric", model.Lyric);
            cmd.Parameters.AddWithValue("@style", model.Style);
            cmd.Parameters.AddWithValue("@singer", model.Singer);
            cmd.Parameters.AddWithValue("@id", model.Id);
            if (cmd.ExecuteNonQuery() > 0)
            {
                cmd.Dispose();
                myconn.Dispose();
                return true;
            }
            else
            {
                cmd.Dispose();
                myconn.Dispose();
                return false;
            }
    }
```

步骤 6：添加 DataSet Select()方法，实现查询全部音乐操作，代码如下。

```
    public DataSet Select()
    {
            SqlConnection myconn = new SqlConnection(setting);
            myconn.Open();
            string sql="SELECT T_Style.Style, T_Music.Id,
T_Music.MusicName, T_Music.MusicPath, T_Music.AddTime, T_Music.Singer FROM
T_Music INNER JOIN";
            sql = sql + " T_Style ON T_Music.StyleId = T_Style.Id";
            SqlDataAdapter sda = new SqlDataAdapter("SELECT * FROM T_Music
```

```
order by Id DESC", myconn);
                DataSet ds = new DataSet();
                sda.Fill(ds, "T_Music");
                sda.Dispose();
                myconn.Dispose();
                return ds;
        }
```

步骤 7：添加 DataSet Select(int id)方法，实现按音乐编号查询操作，代码如下。

```
        public DataSet Select(int id)
        {
              string sql = "SELECT Style, Id, MusicName, MusicPath, Lyric, AddTime,
Singer FROM  T_Music  where  id=" + id;
                SqlConnection myconn = new SqlConnection(setting);
                myconn.Open();
                SqlDataAdapter sda = new SqlDataAdapter(sql, myconn);
                DataSet ds = new DataSet();
                sda.Fill(ds, "T_Music");
                sda.Dispose();
                myconn.Dispose();
                return ds;
        }
```

步骤 8：添加 DataSet Find(string musicName, int top)方法，实现按音乐名查询操作，代码如下。

```
        public DataSet Find(string  musicName, int top)
        {
                SqlConnection myconn = new SqlConnection(setting);
                myconn.Open();
                string sql = "SELECT "+(top>0?"top "+top:"")+"Style, Id,
MusicName, MusicPath, AddTime, Singer FROM  T_Music where 1=1";
                StringBuilder sqlBuilder = new StringBuilder(sql);
                if (!string.IsNullOrEmpty(musicName))
                {
                    sqlBuilder = sqlBuilder.Append(" and MusicName like '%" +
musicName + "%'");
                }
                SqlDataAdapter sda = new SqlDataAdapter(sqlBuilder.ToString(),
myconn);
                DataSet ds = new DataSet();
                sda.Fill(ds, "T_Music");
```

```
            sda.Dispose();
            myconn.Dispose();
            return ds;
    }
```

至此，完成了 MusicDAL 类相关方法的创建。仿照 MusicDAL 类，分别在 DAL 项目中创建 ManagerDAL 类和 StyleDAL 类。

ManagerDAL 类的相关方法如下。

```
    bool Add(Model.Manager model);              //添加管理员信息
    bool Delete(int id);                        //删除管理员信息
    bool Update(Model.Manager model);           //修改管理员信息
    bool Select(Model.Manager model);           //查询管理员信息
    DataSet Select(int id);                     //按ID查询管理员信息
    DataSet Select();                           //查询所有管理员信息
```

StyleDAL 类的相关方法如下。

```
    bool Add(Model.Style model);                //添加音乐类型
    bool Delete(int id);                        //删除音乐类型
    bool Update(Model.Style model);             //修改音乐类型
    DataSet Select();                           //查询所有音乐类型
    DataSet Select(int Id);                     //按ID查询音乐类型
```

任务三　音乐管理业务逻辑层

任务描述

创建业务逻辑项目 BLL，创建音乐管理业务逻辑类 MusicBLL。

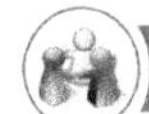

预备知识

业务逻辑层是系统架构中体现核心价值的部分。它的关注点主要集中在业务规则的制定、业务流程的实现等与业务需求有关的系统设计上，也就是说，它是与系统所应对的领域逻辑有关的，很多时候，也将业务逻辑层称为领域层。

任务实施

步骤 1：添加 BLL 项目。

具体方法请参考添加 DAL 项目。

步骤 2：引入 DAL 和 Model 项目。

具体方法请参考本项目任务二的步骤 2。

步骤 3：在 BLL 项目中添加 MusicBLL 类，并实现添加音乐功能，核心代码如下。

```
        DAL.MusicDAL db = new DAL.MusicDAL();
```

```
            /// <summary>
            /// 添加音乐
            /// </summary>
            /// <param name="musicName">音乐名</param>
            /// <param name="styleid">类型</param>
            /// <param name="singer">演唱者</param>
            /// <param name="musicFile">音乐文件</param>
            /// <param name="lyricFile">歌词文件</param>
            /// <param name="WebPath">网站物理路径</param>
            /// <returns></returns>
            public bool Add(string musicName, int style, string singer,
HttpPostedFile musicFile, string lyric,string WebPath)
            {
                Music music = new Music();
                music.MusicName = musicName;
                music.Singer = singer;
                music.Style = style.ToString();
                string musicFileFileName = "";
                if(musicFile!=null)
                {
                    //音乐文件名
                    musicFileFileName=@"music\" + Guid.NewGuid().ToString("N")
+Path.GetExtension(musicFile.FileName);
                    //保存音乐文件
                    musicFile.SaveAs(WebPath + musicFileFileName);
                }
                music.MusicPath = musicFileFileName;
                music.Lyric = lyric;
                music.AddTime = DateTime.Now;
                return db.Add(music);
            }
```

步骤 4：实现删除音乐功能，核心代码如下。

```
            /// <summary>
            /// 删除音乐
            /// </summary>
            /// <param name="id">要删除的音乐id</param>
            /// <returns>true表示成功，false表示失败</returns>
            public bool Delete(int id)
            {
```

```
            Music model = new Music();
            model.Id = id;
            return db.Delete(model);
        }
```

步骤 5：实现修改音乐信息功能，核心代码如下。

```
        /// <summary>
        /// 修改音乐
        /// </summary>
        /// <param name="id">要修改的音乐id</param>
        /// <param name="musicName">音乐名</param>
        /// <param name="styleid">类型</param>
        /// <param name="singer">演唱者</param>
        /// <param name="musicFile">音乐文件</param>
        /// <param name="lyricFile">歌词文件</param>
        /// <param name="WebPath">网站物理路径</param>
        /// <returns></returns>
        public bool Update(int id, string musicName, int style, string
singer, HttpPostedFile musicFile, string lyric, string WebPath)
        {
            Music model = new Music();
            model = Select(id);
            model.MusicName = musicName;
            model.Style = style.ToString();
            string musicFileFileName = model.MusicPath;
            if (musicFile != null)
            {
                //音乐文件名
                musicFileFileName = @"music\" +
Guid.NewGuid().ToString("N") + Path.GetExtension(musicFile.FileName);
                //保存音乐文件
                musicFile.SaveAs(WebPath + musicFileFileName);
            }
            model.MusicPath = musicFileFileName;
            model.Lyric = lyric;
            return db.Update(model);
        }
```

步骤 6：实现查询全部音乐功能，核心代码如下。

```
        /// <summary>
        /// 查找所有音乐
```

```
        /// </summary>
        /// <returns></returns>
        public List<Music> Select()
        {
            List<Music> list = new List<Music>();
            DataTable dt = db.Select().Tables[0];
            foreach (DataRow row in dt.Rows)
            {
                Music music = new Music();
                music.Id = Convert.ToInt32(row["id"]);
                music.MusicName = row["musicName"].ToString();
                music.Singer = row["singer"].ToString();
                music.Style = row["Style"].ToString();
                music.AddTime =Convert.ToDateTime(row["addTime"]);
                list.Add(music);
            }
            return list;
        }
```

步骤 7：实现按 ID 查询音乐功能，核心代码如下。

```
        /// <summary>
        /// 按ID查找音乐
        /// </summary>
        /// <param name="id"></param>
        /// <returns></returns>
        public Music Select(int id)
        {
            DataTable dt = db.Select(id).Tables[0];
            Music music = null;
            if(dt.Rows.Count>0)
            {
                music = new Music();
                music.Id = Convert.ToInt32(dt.Rows[0]["id"]);
                music.MusicName = dt.Rows[0]["musicName"].ToString();
                music.MusicPath = dt.Rows[0]["MusicPath"].ToString();
                music.Lyric = dt.Rows[0]["lyric"].ToString();
                music.Singer = dt.Rows[0]["singer"].ToString();
                music.Style = dt.Rows[0]["style"].ToString();
                music.AddTime = Convert.ToDateTime(dt.Rows[0]
["addTime"]);
```

```
        }
        return music ;
    }
```

步骤 8：实现按音乐名查询音乐功能，核心代码如下。

```
    /// <summary>
    /// 按音乐名称和音乐类型查找音乐
    /// </summary>
    /// <param name="musicName">音乐名称</param>
    /// <param name="styleid">音乐类型</param>
    /// <returns></returns>
    public List<Music> Select(string musicName, int styleid)
    {
        List<Music> list = new List<Music>();
        DataTable dt = db.Select(musicName, styleid).Tables[0];
        foreach (DataRow row in dt.Rows)
        {
            Music music = new Music();
            music.Id = Convert.ToInt32(row["id"]);
            music.MusicName = row["musicName"].ToString();
            music.Singer = row["Singer"].ToString();
            music.Style = row["style"].ToString();
            music.AddTime = Convert.ToDateTime(row["addTime"]);
            list.Add(music);
        }
        return list;
    }
```

任务四　创建音乐后台管理界面

任务描述

创建网站项目，创建音乐后台管理界面。

（1）母版页允许 Web 应用程序中的所有页面（或页面组）创建一致的外观和行为。母版页为其他页面提供了模板，带有共享的布局和功能。母版页为内容定义了可被内容页覆盖的占位符，输出结果是母版页和内容页的组合。当用户请求内容页时，ASP.NET 会对页面进行合并以生成结合了母版页布局和内容页内容的输出。

母版页中的控件<asp:ContentPlaceHolder id="ContentPlaceHolder1" runat="server"></asp:ContentPlaceHolder>是内容页位置。一个母版页中可以有多个这样的 ContentPlaceHolder 控件。

（2）DropDownList 控件用于创建下拉列表。DropDownList 控件中的每个可选项都是由 ListItem 元素定义的。DropDownList 控件是一个下拉式的选单，功能和 CheckBoxList Web 控件类似，用户可以在一组选项中选择一个；但 CheckBoxList Web 控件适合使用在较少量的选项群组项目中，而 DropDownList 控件适合用来管理大量的选项群组项目。

DropDownList 控件的常用属性如下。

① AutoPostBack 属性：用于设置当改变选项内容时，是否自动回送到服务器。True 表示回送；False（默认）表示不回送。

② DataSource 属性：用于指定填充列表控件的数据源。

③ DataTextField 属性：用于指定 DataSource 中的一个字段，该字段的值对应于列表项的 Text 属性。

④ DataValueField 属性：用于指定 DataSource 中的一个字段，该字段的值对应于列表项的 Value 属性。

⑤ Items 属性：表示列表中各个选项的集合，如 DropDownList.Items(i)表示第 i 个选项，i 从 0 开始。每个选项都有以下 3 个基本属性。

Text 属性：表示每个选项的文本。

Value 属性：表示每个选项的值。

Selected 属性：表示该选项是否被选中。

Count 属性：通过 Items.Count 属性可获得 DropDownList 控件的选项数。

Add 方法：通过 items.Add 方法可以向 DropDownList 控件添加选项。

Remove 方法：通过 items.Remove 方法可从 DropDownList 控件中删除指定的选项。

Insert 方法：通过 items.Insert 方法可将一个新的选项插入到 DropDownList 控件中。

Clear 方法：通过 Items.Clear 方法可以清空 DropDownList 控件中的选项。

⑥ SelectedIndex 属性：用于获取下拉列表中选项的索引值。如果未选定任何项，则返回值-1。

⑦ SelectedItem 属性：用于获取列表中的选定项。通过该属性可获得选定项的 Text 和 Value 属性值。

⑧ SelectedValue 属性：用于获取下拉列表中选定项的值。

⑨ SelectedIndexChanged 事件：当用户选择了下拉列表中的任意选项时，即可引发 SelectedIndexChanged 事件。

任务实施

步骤 1：创建 Web 网站项目。

右击解决方案中的“MusicOnLine”，选择“添加”→“新建项目”选项，如图 3-10 所示。

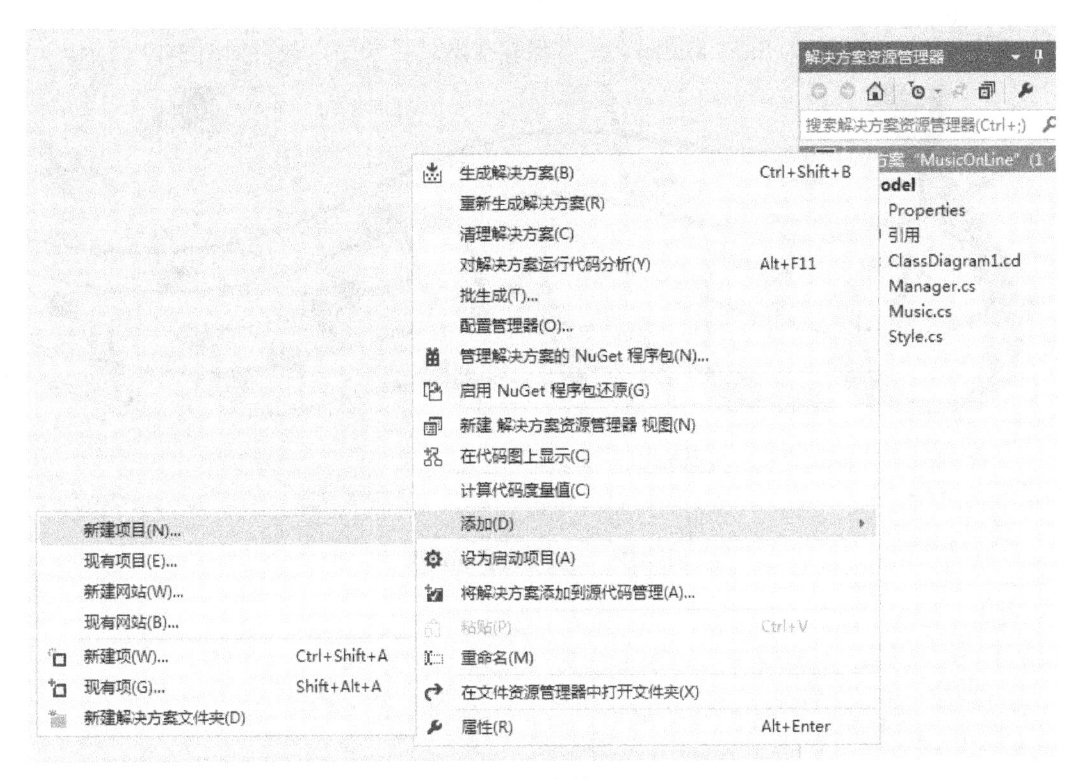

图 3-10　新建项目

弹出“添加新项目”对话框，并按图 3-11 所示方式进行选择，单击“确定”按钮。

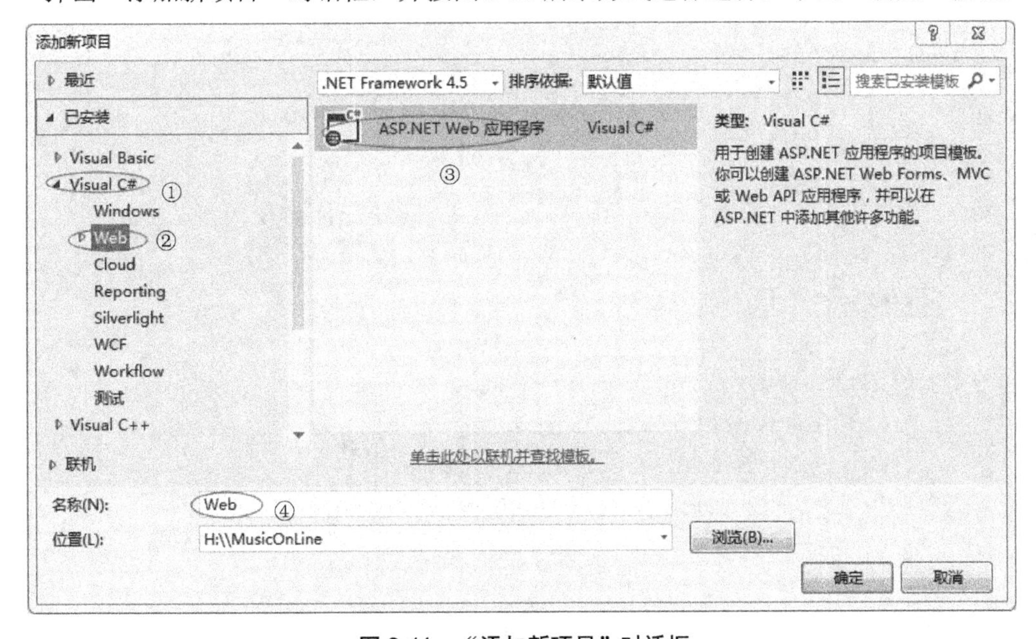

图 3-11　“添加新项目”对话框

步骤 2：创建后台管理界面母版。

创建母版，文件名为 Site1.Master，将其保存在网站目录中，效果如图 3-12 所示。

图 3-12　后台管理界面母版

母版代码如下。

```
<%@ Master Language="C#" AutoEventWireup="true"
CodeBehind="Site1.master.cs" Inherits="MusicOnLine.Site1" %>
<!DOCTYPE html>
<html xmlns="http://www.w3.org/1999/xhtml">
<head runat="server">
<meta http-equiv="Content-Type" content="text/html; charset=utf-8"/>
    <title></title>
    <asp:ContentPlaceHolder ID="head" runat="server">
    </asp:ContentPlaceHolder>
    <style type="text/css">
        #menu li{  list-style-type:none;  width:100px; float:left;      }
        #menu li a {        }
    </style>
</head>
<body  style="margin:0 0 0 0;">
    <form id="form1" runat="server">
    <div style="margin:auto; width:1024px;">
        <img src="../images/banner2.png" />
        <div>
        <ul id="menu">
            <li><a href="music.aspx">音乐管理</a></li>
            <li><a href="style.aspx">类型管理</a></li>
            <li><a href="manager.aspx">用户管理</a></li>
```

```
        </ul>
        </div>
        <asp:ContentPlaceHolder ID="ContentPlaceHolder1" runat="server">
        </asp:ContentPlaceHolder>
    </div>
    </form>
</body>
</html>
```

步骤 3：创建音乐管理界面。

使用母版 Site1.Master 创建文件 Music.aspx，并将其保存在 Web 项目的 admin 文件夹中，效果如图 3-13 所示。

图 3-13　音乐管理界面

界面布局代码如下。

```
    <%@ Page Title="" Language="C#" MasterPageFile="~/Site1.Master"
AutoEventWireup="true" CodeBehind="Music.aspx.cs" Inherits="MusicOnLine.admin.
Music" %>
    <asp:Content ID="Content1" ContentPlaceHolderID="head" runat="server">
    </asp:Content>
    <asp:Content ID="Content2" ContentPlaceHolderID="ContentPlaceHolder1"
runat="server">
        <div>音乐名称：<asp:TextBox ID="TextBox1" runat="server"></asp:TextBox>
            类型：<asp:DropDownList ID="DropDownList1" runat="server">
            </asp:DropDownList>
            <asp:Button ID="Button1" runat="server" OnClick="Button1_Click"
Text="查询" />
        </div>
```

```
        <div style="text-align:right"><a href="editMusic.aspx?op=add">添加
类型</a></div>
        <asp:GridView ID="GridView1" runat="server"
AutoGenerateColumns="False" CellPadding="4" ForeColor="#333333" GridLines=
"None" Height="101px" Width="100%">
        <AlternatingRowStyle BackColor="White" ForeColor="#284775" />
        <Columns>
            <asp:BoundField DataField="MusicName" HeaderText="歌名" />
            <asp:BoundField DataField="Singer" HeaderText="演唱者" />
            <asp:BoundField DataField="style" HeaderText="类型" />
            <asp:BoundField DataField="AddTime" DataFormatString="{0:d}"
HeaderText="添加时间" />
            <asp:HyperLinkField DataNavigateUrlFields="id"
DataNavigateUrlFormatString="editMusic.aspx?op=edit&amp;id={0}" Text="修改">
            <HeaderStyle Width="60px" />
            </asp:HyperLinkField>
            <asp:HyperLinkField DataNavigateUrlFields="id"
DataNavigateUrlFormatString="delMusic.aspx?id={0}" Text="删除">
            <HeaderStyle Width="60px" />
            </asp:HyperLinkField>
        </Columns>
        <EditRowStyle BackColor="#999999" />
        <FooterStyle BackColor="#5D7B9D" Font-Bold="True" ForeColor="White" />
        <HeaderStyle BackColor="#5D7B9D" Font-Bold="True" ForeColor="White" />
        <PagerStyle BackColor="#284775" ForeColor="White" HorizontalAlign=
"Center" />
        <RowStyle BackColor="#F7F6F3" ForeColor="#333333" />
        <SelectedRowStyle BackColor="#E2DED6" Font-Bold="True" ForeColor
="#333333" />
        <SortedAscendingCellStyle BackColor="#E9E7E2" />
        <SortedAscendingHeaderStyle BackColor="#506C8C" />
        <SortedDescendingCellStyle BackColor="#FFFDF8" />
        <SortedDescendingHeaderStyle BackColor="#6F8DAE" />
    </asp:GridView>
    </asp:Content>
```

步骤 4：引入 BLL 项目。

步骤 5：编写代码，实现绑定类型下拉列表的功能。

```
    protected void Page_Load(object sender, EventArgs e)
```

```
        {
            if (!IsPostBack)
            {
                StyleBLL styleBll = new StyleBLL();
                DropDownList1.DataTextField = "stylename";
                DropDownList1.DataValueField = "id";
                DropDownList1.DataSource = styleBll.Select();
                DropDownList1.DataBind();
                BindData(TextBox1.Text.Trim(),DropDownList1.
SelectedValue);
            }
        }
```

步骤 6：编写代码，实现绑定 GridView1 控件功能。

```
        //将音乐数据绑定到GridView1控件上
        private void BindData(string musicname,string style)
        {
            MusicBLL bll = new MusicBLL();
            List<Model.Music> musicList = bll.Select(musicname,
Convert.ToInt32(style));
            GridView1.DataSource = musicList;
            GridView1.DataBind();
        }
```

步骤 7：编写代码，实现绑定 GridView 控件功能。

```
        //查询
        protected void Button1_Click(object sender, EventArgs e)
        {
            MusicBLL bll = new MusicBLL();
            List<Model.Music> musicList = bll.Select(TextBox1.Text.Trim(),
Convert.ToInt32(DropDownList1.SelectedValue));
            BindData(TextBox1.Text.Trim(), DropDownList1.SelectedValue);
        }
```

步骤 8：使用母版 Site1.Master 创建添加音乐文件 editMusic.aspx，将其保存在 Web 项目的 admin 文件夹中，效果如图 3-14 所示。

图 3-14　添加音乐

界面布局代码如下。

```
<%@ Page Title="" Language="C#" MasterPageFile="~/Site1.Master"
AutoEventWireup="true" CodeBehind="editMusic.aspx.cs" Inherits="MusicOnLine.
admin.editMusic" %>
<asp:Content ID="Content1" ContentPlaceHolderID="head" runat="server">
    <style type="text/css">
        .auto-style1 {
            height: 23px;
            text-align:right;
        }
        .auto-style2 {
            height: 23px;
            text-align:center;
        }
    </style>
</asp:Content>
<asp:Content ID="Content2" ContentPlaceHolderID="ContentPlaceHolder1"
runat="server">
    <table style="width:100%;">
        <tr>
            <td colspan="2"  class="auto-style2">
```

```
                <asp:Label ID="Label1" runat="server" Text="添加音乐
"></asp:Label>
            </td>
        </tr>
        <tr>
            <td  class="auto-style1">音乐名：</td>
            <td>
             <asp:TextBox ID="txt_musicame" runat="server"></asp:TextBox>
            </td>
        </tr>
        <tr>
            <td  class="auto-style1">演唱者：</td>
            <td>
             <asp:TextBox ID="txt_singer" runat="server"></asp:TextBox>
            </td>
        </tr>
        <tr>
            <td class="auto-style1">类型：</td>
            <td>
                <asp:DropDownList ID="ddl_style" runat="server">
                </asp:DropDownList>
            </td>
        </tr>
        <tr>
            <td class="auto-style1">音乐文件：</td>
            <td>
                <asp:FileUpload ID="fud_music" runat="server" />
            </td>
        </tr>
        <tr>
            <td class="auto-style1">歌词文件：</td>
            <td>
                <asp:TextBox ID="txt_lyric" runat="server" Height="166px"
TextMode="MultiLine" Width="431px"></asp:TextBox>
            </td>
        </tr>
        <tr>
            <td colspan="2" class="auto-style2">
                <asp:Button ID="Button1" runat="server" Text="确定"
```

```
OnClick="Button1_Click" />
                    </td>
                </tr>
            </table>
        </asp:Content>
```

步骤 9：编写代码，实现显示原数据功能。

```
        namespace MusicOnLine.admin
        {
            public partial class editMusic : System.Web.UI.Page
            {
                protected void Page_Load(object sender, EventArgs e)
                {
                    if (!IsPostBack)
                    {
                        StyleBLL styleBll=new StyleBLL();
                        ddl_style.DataTextField = "stylename";
                        ddl_style.DataValueField = "id";
                        ddl_style.DataSource = styleBll.Select();
                        ddl_style.DataBind();
                        //修改音乐信息
                        if (Op.Equals("edit"))
                        {
                            Label1.Text = "修改音乐信息";
                            MusicBLL bll = new MusicBLL();
                            int id=Id;
                            Model.Music music = bll.Select(Id);
                            txt_musicame.Text= music.MusicName;
                            txt_singer.Text = music.Singer;
                            txt_lyric.Text = music.Lyric;
                            ddl_style.Text = music.Style;
                        }
                        //添加音乐信息
                        else if (Op.Equals("add"))
                        {
                            Label1.Text = "添加音乐信息";
                        }
                    }
                }
```

```
            private string Op {
                get { return Request["op"]; }
            }
            private int Id
            {
                get { return Convert.ToInt32(Request["id"]); }
            }
```

步骤 10：编写代码，实现修改音乐的功能。

```
            protected void Button1_Click(object sender, EventArgs e)
            {
                string WebPath = Server.MapPath("/");
                //修改音乐
                if (Op.Equals("edit"))
                {
                    MusicBLL bll = new MusicBLL();
                    HttpPostedFile musicFile = fud_music.HasFile ?
fud_music.PostedFile : null;
                    bool f = bll.Update(Id, txt_musicame.Text.Trim(),
Convert.ToInt32(ddl_style.SelectedValue), txt_singer.Text.Trim(), musicFile,
ddl_style.Text, WebPath);
                    if (f == true)
                        Response.Redirect("music.aspx");
                }
                //添加音乐
                else if (Op.Equals("add"))
                {
                    MusicBLL bll = new MusicBLL();
                    HttpPostedFile musicFile = fud_music.HasFile ?
fud_music.PostedFile : null;
                    bool f = bll.Add(txt_musicame.Text.Trim(),
Convert.ToInt32(ddl_style.SelectedValue), txt_singer.Text.Trim(), musicFile,
ddl_style.Text, WebPath);
                    if (f == true)
                        Response.Redirect("music.aspx");
                }
            }
```

步骤 11：使用母版 Site1.Master 创建删除音乐文件 delMusic.aspx，将其保存在 Web 项目的 admin 文件夹中，代码如下。

```
<%@ Page Language="C#" AutoEventWireup="true" CodeBehind="delMusic.aspx.cs" Inherits="MusicOnLine.admin.delMusic" %>
<!DOCTYPE html>
<html xmlns="http://www.w3.org/1999/xhtml">
<head runat="server">
<meta http-equiv="Content-Type" content="text/html; charset=utf-8"/>
    <title></title>
</head>
<body>
    <form id="form1" runat="server">
    <div>  </div>
    </form>
</body>
</html>
```

步骤 12：编写代码，实现删除功能。

```
using BLL;
using System;
using System.Collections.Generic;
using System.Linq;
using System.Web;
using System.Web.UI;
using System.Web.UI.WebControls;
namespace MusicOnLine.admin
{
    public partial class delMusic : System.Web.UI.Page
    {
        protected void Page_Load(object sender, EventArgs e)
        {
            int id =Convert.ToInt32( Request["id"]);
            MusicBLL bll = new MusicBLL();
            bool f=bll.Delete(id);
            if (f == true)
                Response.Redirect("Music.aspx");
        }
    }
}
```

任务五　创建音乐前台管理界面层

任务描述

创建用户界面层（音乐前台）。

预备知识

HTML5 能直接播放 MP3 等格式的音频文件，但浏览时需要使用支持 HTML5 的浏览器，如 Google Chrome 浏览器。其语法格式如下。

```
<audio controls="controls"><source src="音乐文件地址"/></audio>
```

其常用属性如表 3-1 所示。

表 3-1　常用属性

属性	值	描述
autoplay	autoplay	如果出现该属性，则音频在就绪后马上播放
controls	controls	如果出现该属性，则向用户显示控件，如播放按钮
loop	loop	如果出现该属性，则每当音频结束时就重新开始播放
preload	preload	如果出现该属性，则在页面加载时进行音频加载，并预备播放。 如果使用“autoplay”，则忽略该属性
src	url	要播放的音频的 URL

任务实施

步骤 1：创建前台界面母版 Site2.Master，将其保存在网站目录中，效果如图 3-15 所示。

图 3-15　前台界面母版

界面布局代码如下。

```
<%@ Master Language="C#" AutoEventWireup="true" CodeBehind="Site2.master.cs"
Inherits="MusicOnLine.Site2" %>
<!DOCTYPE html>
```

```
<html xmlns="http://www.w3.org/1999/xhtml">
<head runat="server">
<meta http-equiv="Content-Type" content="text/html; charset=utf-8"/>
    <title></title>
    <asp:ContentPlaceHolder ID="head" runat="server">
    </asp:ContentPlaceHolder>
</head>
<body style="margin:0 0 0 0;">
    <form id="form1" runat="server">
    <div style="margin:auto;width:800px; ">
        <img src="images/banner.png" />
       <asp:ContentPlaceHolder ID="ContentPlaceHolder1" runat="server">
         </asp:ContentPlaceHolder>
    </div>
    </form>
</body>
</html>
```

步骤 2：利用 Site2.Master 制作音乐前台首页 index.aspx，界面效果如图 3-16 所示。

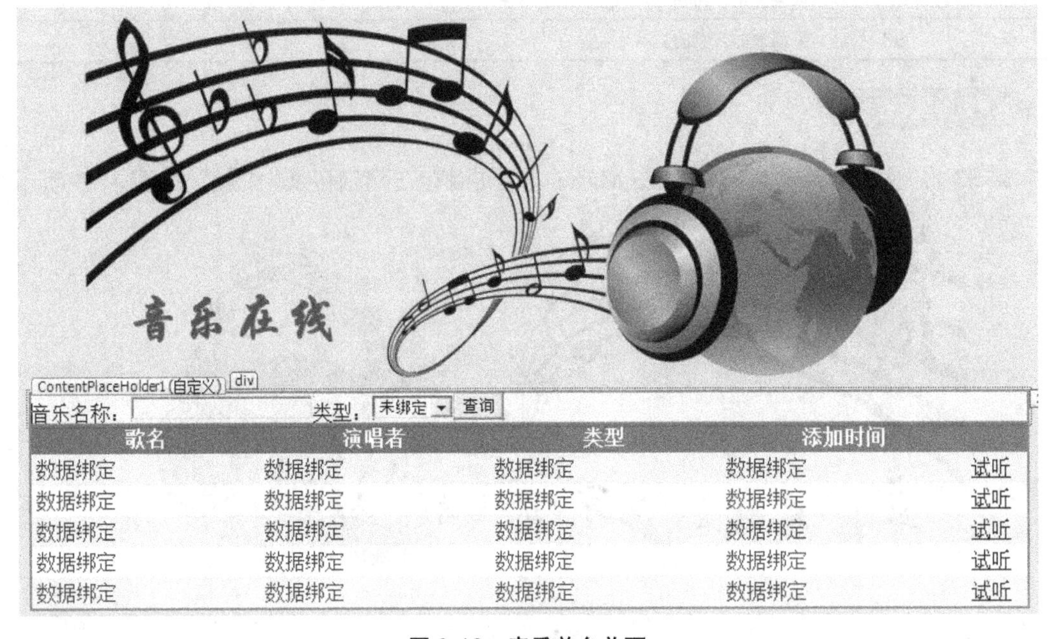

图 3-16　音乐前台首页

首页代码如下。

```
    <%@ Page Title="" Language="C#" MasterPageFile="~/Site2.Master"
AutoEventWireup="true" CodeBehind="index.aspx.cs" Inherits="MusicOnLine.
index" %>
```

```
    <asp:Content ID="Content1" ContentPlaceHolderID="head" runat="server">
    </asp:Content>
    <asp:Content ID="Content2" ContentPlaceHolderID="ContentPlaceHolder1"
runat="server">
        <div>
            音乐名称：<asp:TextBox ID="TextBox1" runat="server"></asp:TextBox>
            类型：<asp:DropDownList ID="DropDownList1" runat="server">
            </asp:DropDownList>
            <asp:Button ID="Button1" runat="server" OnClick="Button1_Click"
Text="查询" />
        </div>
        <asp:GridView ID="GridView1" runat="server" AutoGenerateColumns=
"False" CellPadding="4" ForeColor="#333333" GridLines="None" Height="101px"
Width="100%">
            <AlternatingRowStyle BackColor="White" ForeColor="#284775" />
            <Columns>
                <asp:BoundField DataField="MusicName" HeaderText="歌名" />
                <asp:BoundField DataField="Singer" HeaderText="演唱者" />
                <asp:BoundField DataField="style" HeaderText="类型" />
                <asp:BoundField DataField="AddTime" DataFormatString="{0:d}"
HeaderText="添加时间" />
                <asp:HyperLinkField DataNavigateUrlFields="id"
DataNavigateUrlFormatString ="play.aspx?id={0}" Text="试听">
                <HeaderStyle Width="40px" />
                </asp:HyperLinkField>
            </Columns>
            <EditRowStyle BackColor="#999999" />
            <FooterStyle BackColor="#5D7B9D" Font-Bold="True" ForeColor=
"White" />
            <HeaderStyle BackColor="#5D7B9D" Font-Bold="True" ForeColor=
"White" />
           <PagerStyle BackColor="#284775" ForeColor="White" HorizontalAlign=
"Center" />
            <RowStyle BackColor="#F7F6F3" ForeColor="#333333" />
           <SelectedRowStyle BackColor="#E2DED6" Font-Bold="True" ForeColor=
"#333333" />
            <SortedAscendingCellStyle BackColor="#E9E7E2" />
            <SortedAscendingHeaderStyle BackColor="#506C8C" />
            <SortedDescendingCellStyle BackColor="#FFFDF8" />
```

```
        <SortedDescendingHeaderStyle BackColor="#6F8DAE" />
    </asp:GridView>
</asp:Content>
```

步骤 3：编写代码，实现查询功能。

```
using BLL;
using System;
using System.Collections.Generic;
using System.Linq;
using System.Web;
using System.Web.UI;
using System.Web.UI.WebControls;

namespace MusicOnLine
{
    public partial class index : System.Web.UI.Page
    {
        protected void Page_Load(object sender, EventArgs e)
        {
            if (!IsPostBack)
            {
                StyleBLL styleBll = new StyleBLL();
                DropDownList1.DataTextField = "stylename";
                DropDownList1.DataValueField = "id";
                DropDownList1.DataSource = styleBll.Select();
                DropDownList1.DataBind();
             BindData(TextBox1.Text.Trim(), DropDownList1.SelectedValue);
            }
        }
        //查询
        protected void Button1_Click(object sender, EventArgs e)
        {
            MusicBLL bll = new MusicBLL();
            List<Model.Music> musicList = bll.Select(TextBox1.Text.Trim(),
Convert.ToInt32(DropDownList1.SelectedValue));
            BindData(TextBox1.Text.Trim(), DropDownList1.SelectedValue);
        }
        //将音乐数据绑定到GridView1控件上
        private void BindData(string musicname, string style)
        {
```

```
                MusicBLL bll = new MusicBLL();
                List<Model.Music> musicList = bll.Select(musicname, 
Convert.ToInt32(style));
                GridView1.DataSource = musicList;
                GridView1.DataBind();
            }
        }
    }
```

步骤 4：利用 Site2.Master 制作音乐试听界面 play.aspx，界面效果如图 3-17 所示。

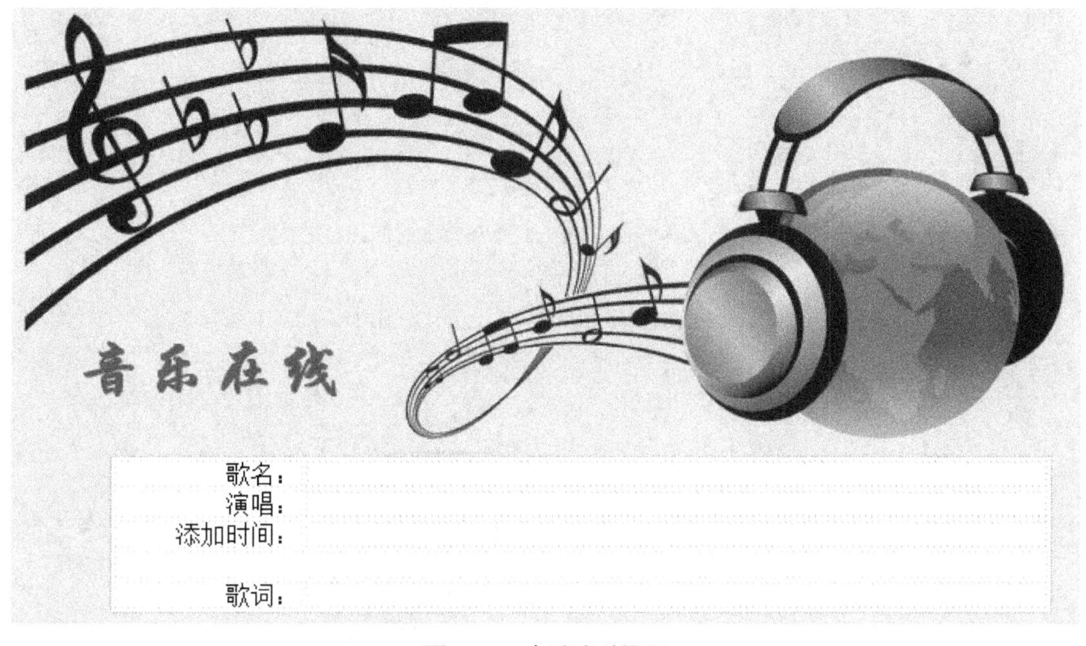

图 3-17　音乐试听界面

音乐试听界面代码如下。

```
    <%@ Page Title="" Language="C#" MasterPageFile="~/Site2.Master" 
AutoEventWireup="true" CodeBehind="play.aspx.cs" Inherits="MusicOnLine.play" %>
    <asp:Content ID="Content1" ContentPlaceHolderID="head" runat="server">
        <style type="text/css">
            .auto-style1 {
                text-align: center;
            }
            .auto-style2 {
                width: 118px;
                text-align: right;
            }
        </style>
```

```
    </asp:Content>
    <asp:Content ID="Content2" ContentPlaceHolderID="ContentPlaceHolder1"
runat="server">
        <div style=" margin:auto;width:600px;">
            <table style="width:100%;">
                <tr>
                    <td class="auto-style2">歌名：</td>
                    <td><%=music.MusicName %></td>
                </tr>
                <tr>
                    <td class="auto-style2">演唱：</td>
                    <td><%=music.Singer %></td>
                </tr>
                <tr>
                    <td class="auto-style2">添加时间：</td>
                    <td><%=string.Format("{0}年{1}月{2}日
",music.AddTime.Year,music.AddTime.Month,music.AddTime.Day) %></td>
                </tr>
                <tr>
                    <td class="auto-style1" colspan="2">
                        <audio controls="controls">
                           <source src="<%=music.MusicPath %>" />
                        </audio>
                    </td>
                </tr>
                <tr>
                    <td class="auto-style2">歌词：</td>
                    <td><%=music.Lyric %></td>
                </tr>
            </table>
        </div>
    </asp:Content>
```

步骤 5：编写代码，实现音乐试听功能。

```
    using System;
    using System.Collections.Generic;
    using System.Linq;
    using System.Web;
    using System.Web.UI;
```

```
using System.Web.UI.WebControls;
using BLL;
namespace MusicOnLine
{
    public partial class play : System.Web.UI.Page
    {
        public Model.Music music;
        protected void Page_Load(object sender, EventArgs e)
        {
            MusicBLL bll = new MusicBLL();
            int id=Convert.ToInt32(Request["id"]);
            music=bll.Select(id);
        }
    }
}
```

任务六　调试网站

调试网站，使网站能够正常运行。

四、项目总结

本项目运用了三层程序架构，将项目的表示层、业务逻辑层和数据访问层分离，以方便团队的分工和合作，以及项目的维护和管理。

五、知识巩固

仿照本项目任务三实现账户管理 ManagerDAL 及类型管理 StyleDAL 的数据访问层，实现相应的添加、删除、修改、查询功能。

仿照本项目任务四实现管理 ManagerBLL 及类型管理 StyleBLL 的业务逻辑功能。

仿照本项目任务五开发账户管理及音乐类型的后台管理功能。

网站目录结构如图 3-18 所示。

```
▲ Web
  ▷ Properties
  ▷ 引用
  ▲ admin
    ▷ delManager.aspx  删除管理员
    ▷ delMusic.aspx  删除音乐
    ▷ delStyle.aspx  删除音乐类型
    ▷ editManager.aspx  添加/修改管理员
    ▷ editMusic.aspx  添加/修改音乐
    ▷ editStyle.aspx  添加/修改音乐类型
    ▷ index.aspx  后台管理首页
    ▷ login.aspx  后台登录页
    ▷ manager.aspx  管理员页
    ▷ Music.aspx  音乐管理页
    ▷ Style.aspx  音乐类型管理页
    App_Data
  ▲ images
      banner.png
      banner2.png
  ▷ Global.asax
  ▷ index.aspx  前台首页
  ▷ play.aspx  音乐试听页
  ▷ Site1.Master  后台母版页
  ▷ Site2.Master  前台母版页
  ▷ Web.config
```

图 3-18　网站目录结构

项目四　信息发布

一、项目背景

学校的网站是学校的名片，每一所学校都有自己的特色。建立自己学校的网站是最直接的宣传手段。学校网站可以使人们了解学校，加强家庭和学校沟通及了解。同时，学校网站也是师生展示风采风貌、建设校园文化的重要途径。

二、项目分析

（一）功能分析

（1）浏览者可以浏览和搜索新闻。

（2）后台管理员可以对新闻进行分类，能对分类进行添加、删除、修改及查询；可以对新闻进行添加、修改、删除和查询；可以修改管理员密码。

学校网站功能图如下。

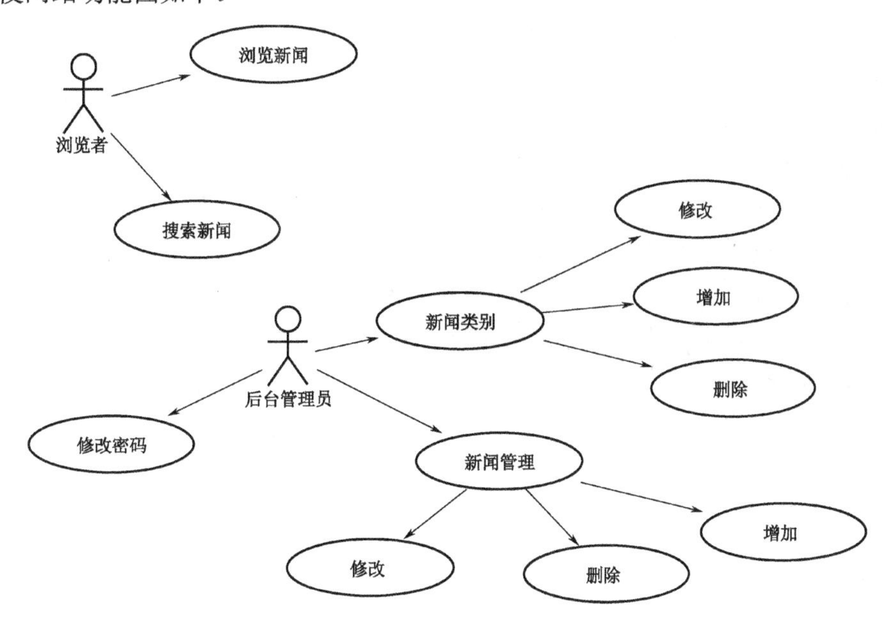

（二）数据库结构

manager（管理员表）

字段名	数据类型	是否允许空值	说明
Id	int	否	主键，自动编号
UserName	nvarchar(50)	否	用户名
Password	nvarchar(50)	否	登录密码
State	bit	否	状态，true 表示允许登录，false 表示不允许登录

category（类别表）

字段名	数据类型	是否允许空值	说明
Id	int	否	主键，自动编号
Name	nvarchar(50)	否	名称

news（新闻表）

字段名	数据类型	是否允许空值	说明
Id	int	否	主键，自动编号
Title	nvarchar(50)	否	标题
Content	text	否	内容
CreateTime	date	否	创建时间
Createrid	int	否	创建人
Categoryid	int	否	类别 ID

（三）项目结构

其中，各文件的功能如下。

BackDesk\addnews.aspx 用于添加新闻；

BackDesk\adduser.aspx 用于添加管理员；

BackDesk\delnews.aspx 用于删除新闻；

BackDesk\editnews.aspx 用于修改新闻；

BackDesk\index.aspx 用于后台管理首页；

BackDesk\login.aspx 用于后台登录；

BackDesk\MasterPage.master 用于后台管理页面母版；

BackDesk\newslist.aspx 用于后台新闻列表页；

BackDesk\usermanage.aspx 用于管理员列表页；

detail.aspx 用于新闻详细页；

index.aspx 用于新闻首页；

newslist.aspx 用于新闻列表页。

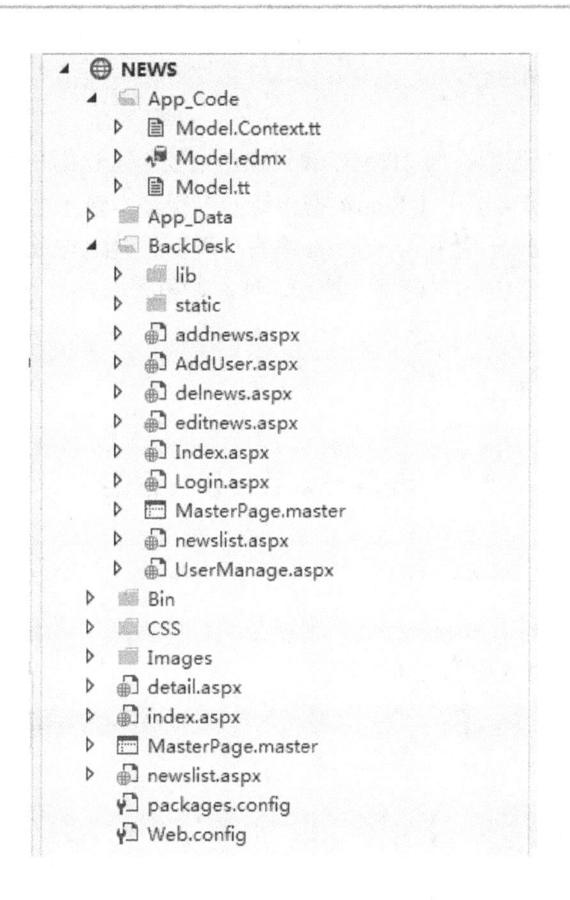

（四）技术分析

1．Entity Framework

Entity Framework（EF）是微软公司一个开源的ORM（对象关系映射）框架，是微软公司主推的数据存储技术，常用于构建数据存储层，使应用程序以对象模型的方式访问关系数据库的内容。

EF的架构和原理：EF的核心内容是实体数据模型（Entity Data Model，EDM），可以将它理解为一个ADO.NET的增强版，它的底层是ADO.NET provider，上层是应用程序，它提供了更灵活、更简单方便的数据存取方式。

EF的优点：它是一个开源框架，支持多种数据库（目前看来最稳定的数据库是SQL Server，而对Oracle的支持一直不太完美），将应用程序和数据库结构很好地分隔开，支持多种开发模式。

EF的缺点：它在ADO.NET的基础上做了扩展，性能比ADO.NET有所损失，但是只要合理地利用EF，避免一些劣质查询语句带来的损耗，还是能有效提高EF性能的。

2．H-ui.admin

H-ui.admin是用H-ui前端框架开发的轻量级响应式网站后台管理模板，采用了原生HTML和iframe结构布局，配合多选项卡效果，完全免费，简单灵活，兼容性好，可使用户快速搭建中小型网站后台。

3．UEditor

UEditor 是一套开源的在线 HTML 编辑器，主要用于让用户在网站上获得所见即所得的编辑效果，开发人员可以用 UEditor 把传统的多行文本输入框（textarea）替换为可视化的富文本输入框。UEditor 使用 JavaScript 编写，可以无缝地与 Java、.NET、PHP、ASP 等程序集成，比较适合在 CMS、商城、论坛、博客、电子邮件等互联网应用上使用。

三、项目实施

任务一　后台管理框架

任务描述

为了美化界面，利用 H-ui.admin 后台框架模板作为网站后台的框架。登录界面效果如图 4-1 所示，后台首页效果如图 4-2 所示。

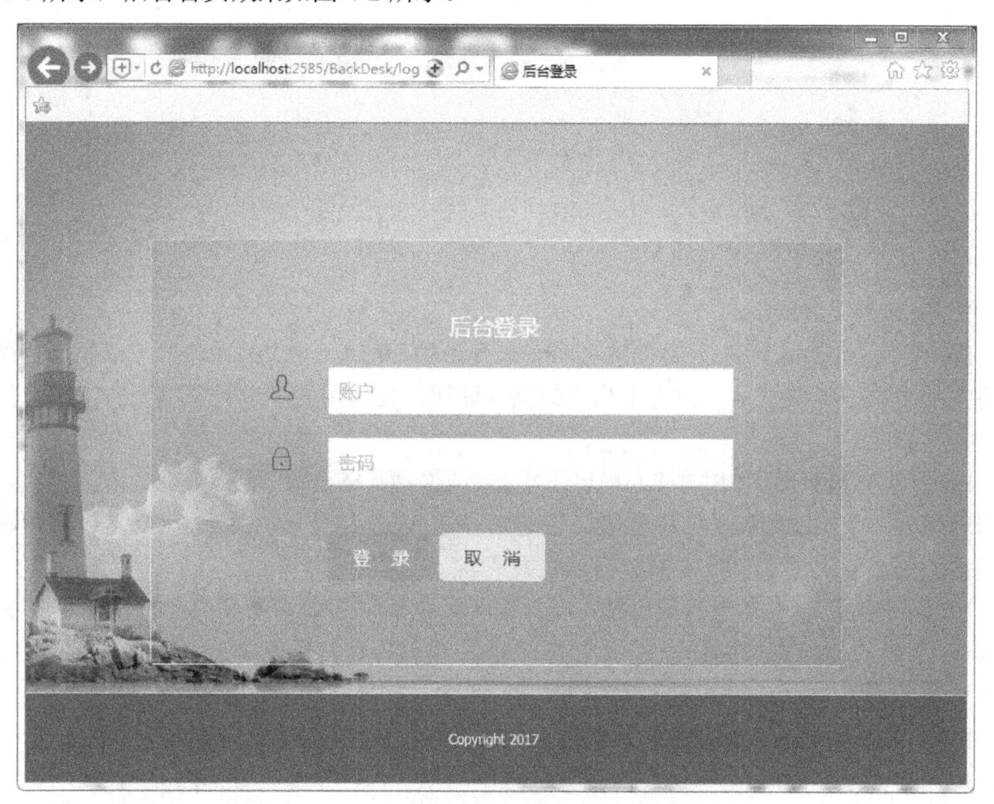

图 4-1　登录界面效果

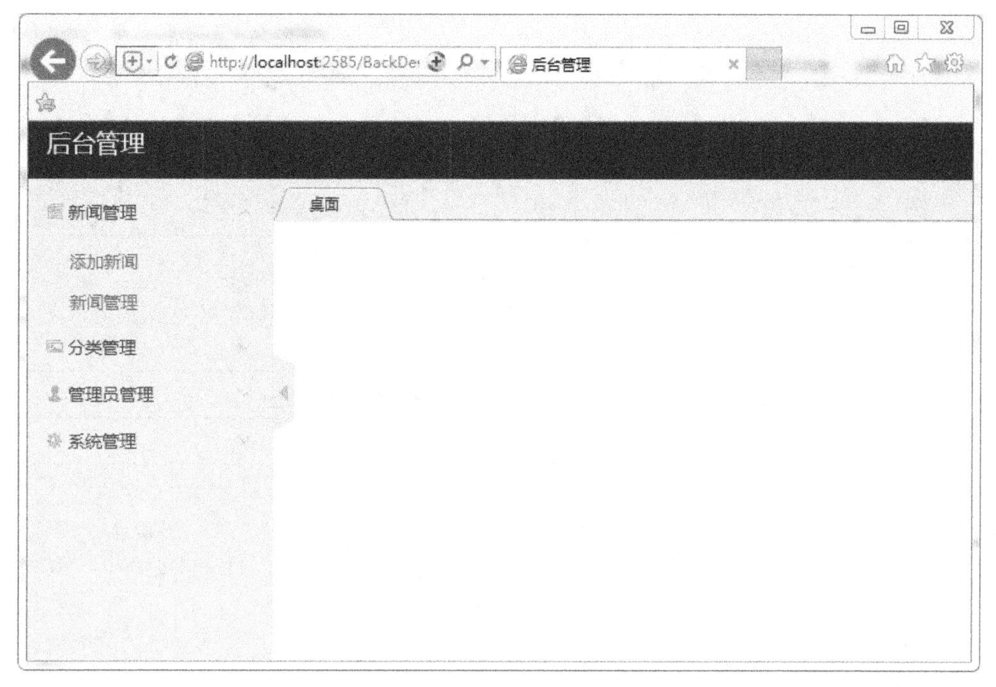

图 4-2　后台首页效果

预备知识

使用 H-ui.admin 时需要在代码中引入 H-ui.min.css、H-ui.login.css、style.css、iconfont.css 样式文件，以及 jquery.min.js 和 H-ui.min.js 文件。

任务实施

步骤 1：创建网站项目。

完成网站项目的创建。

步骤 2：添加 H-ui.admin 相关文件。

在网站根目录下创建文件夹 BackDesk，将下载后的 H-ui.admin.zip 文件解压，并将解压后的 lib 文件和 static 文件夹复制到 BackDesk 文件夹中。

步骤 3：创建登录页。

在 BackDesk 文件夹中创建 Login.aspx 窗体，在 H-ui.admin.zip 解压缩文件中找到 login.html，以 login.html 中的所有代码覆盖 Login.aspx 窗体的代码（除第一行外）。用 ASP.NET 服务器控件替换 HTML 的表单控件。注意，应为表单标签添加 runat="server"属性。最终代码如下。

```
<!DOCTYPE HTML>
<html>
<head>
<meta charset="utf-8">
```

```
        <meta name="renderer" content="Webkit|ie-comp|ie-stand">
        <meta http-equiv="X-UA-Compatible" content="IE=edge,chrome=1">
        <meta name="viewport" content="width=device-width,initial-scale=1,
minimum-scale=1.0,maximum-scale=1.0,user-scalable=no" />
        <meta http-equiv="Cache-Control" content="no-siteapp" />
        <!--[if lt IE 9]>
        <script type="text/javascript" src="lib/html5shiv.js"></script>
        <script type="text/javascript" src="lib/respond.min.js"></script>
        <![endif]-->
        <link href="static/h-ui/css/H-ui.min.css" rel="stylesheet" type=
"text/css" />
        <link href="static/h-ui.admin/css/H-ui.login.css" rel="stylesheet" type
="text/css" />
        <link href="static/h-ui.admin/css/style.css" rel="stylesheet" type
="text/css" />
        <link href="lib/Hui-iconfont/1.0.8/iconfont.css" rel="stylesheet" type
="text/css" />
        <!--[if IE 6]>
        <script type="text/javascript" src="lib/DD_belatedPNG_0.0.8a
-min.js" ></script>
        <script>DD_belatedPNG.fix('*');</script>
        <![endif]-->
        <title>后台登录</title>
        </head>
        <body>
            <form id="form1" runat="server">
                <div class="loginWraper">
                 <div id="loginform" class="loginBox">
                    <div class="row cl">
                      <div class="formControls col-xs-12">
                          <div style="text-align:center; font-size:20px;
color:white">后台登录</div>
                      </div>
                    </div>
                    <div class="row cl">
                      <label class="form-label col-xs-3" style="text-align:
right;"><i class="Hui-iconfont">&#xe60d;</i></label>
                      <div class="formControls col-xs-8">
                          <asp:TextBox ID="username" runat="server" placeholder=
```

```
"账户" class="input-text size-L"></asp:TextBox>
                    </div>
                  </div>
                  <div class="row cl">
                    <label class="form-label col-xs-3" style="text-align:
right;"><i class="Hui-iconfont">&#xe60e;</i></label>
                    <div class="formControls col-xs-8">
                        <asp:TextBox ID="pwd" runat="server" TextMode=
"Password" placeholder="密码" class="input-text size-L"></asp:TextBox>
                    </div>
                  </div>
                  <div class="row cl">
                    <div class="formControls col-xs-12">
                        <div style="text-align:center; font-size:14px;color:
red"><asp:Label runat="server" ID="lab_msg"></asp:Label></div>
                    </div>
                  </div>
                  <div class="row cl">
                    <div class="formControls col-xs-8 col-xs-offset-3">
                        <asp:Button ID="submit" runat="server" Text=" 登
    录 " OnClick="submit_Click" class="btn btn-success
radius size-L"/>
                        <asp:Button ID="cancel" runat="server" Text=" 取
    消 " OnClick="cancel_Click" class="btn btn-default
radius size-L" />
                    </div>
                  </div>
              </div>
            </div>
        </form>
        <div class="footer">Copyright 2017</div>
       <script type="text/javascript" src="lib/jquery/1.9.1/jquery.min.js">
</script>
        <script type="text/javascript" src="static/h-ui/js/H-ui.min.js">
</script>
    </body>
    </html>
```

任务二　后台管理页面母版

任务描述

为了使后台各个管理页具有一致的外观，需要为后台创建母版页面 MasterPage.master。

任务实施

步骤 1：添加母版页。

在 Visual Studio 2013 中右击 BackDesk 文件夹，选择“添加”→“新建项目”选项，在弹出的对话框中进行如图 4-3 所示的设置。

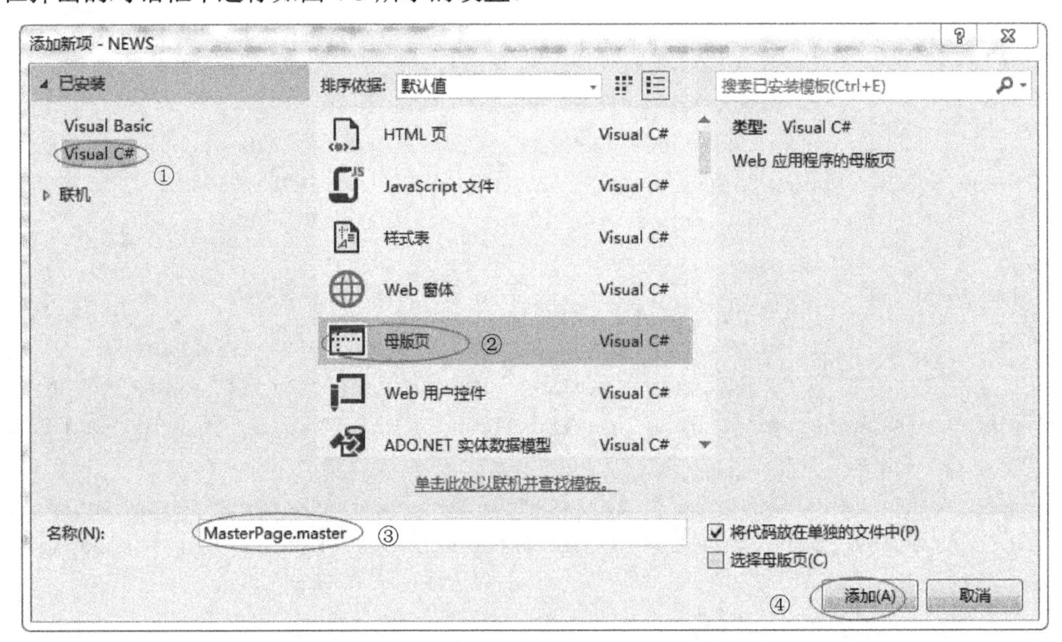

图 4-3　新建项目

步骤 2：编辑母版代码。

```
<%@ Master Language="C#" AutoEventWireup="true" CodeFile="MasterPage.master.
cs"Inherits="BackDesk_MasterPage" %>
<!DOCTYPE html>
<html xmlns="http://www.w3.org/1999/xhtml">
<head runat="server">
<meta charset="utf-8">
<meta name="renderer" content="Webkit|ie-comp|ie-stand">
<meta http-equiv="X-UA-Compatible" content="IE=edge,chrome=1">
<meta name="viewport"
content="width=device-width,initial-scale=1,minimum-scale=1.0,maximum-scale=
1.0,user-scalable=no" />
```

```
        <meta http-equiv="Cache-Control" content="no-siteapp" />
        <!--[if lt IE 9]>
        <script type="text/javascript" src="lib/html5shiv.js"></script>
        <script type="text/javascript" src="lib/respond.min.js"></script>
        <![endif]-->
        <link rel="stylesheet" type="text/css" href="static/h-ui/css/
H-ui.min.css" />
        <link rel="stylesheet" type="text/css" href="static/h-ui.admin/
css/H-ui.admin.css" />
        <link rel="stylesheet" type="text/css" href="lib/Hui-iconfont/
1.0.8/iconfont.css" />
        <link rel="stylesheet" type="text/css" href="static/h-ui.admin/
skin/default/skin.css" id="skin" />
        <link rel="stylesheet" type="text/css" href="static/h-ui.admin/
css/style.css" />
        <script type="text/javascript" src="lib/jquery/1.9.1/jquery.min.js">
</script>
        <!--[if IE 6]>
        <script type="text/javascript" src="lib/DD_belatedPNG_0.0.8a-min.js" >
</script>
        <script>DD_belatedPNG.fix('*');</script>
        <![endif]-->
        <title>列表</title>
        </head>
        <body>
           <form id="form1" runat="server">
           <div>
              <asp:ContentPlaceHolder id="ContentPlaceHolder1" runat="server">

               </asp:ContentPlaceHolder>
           </div>
           </form>
        </body>
        </html>
```

任务三　创建内容页

任务描述

利用母版页创建后台管理首页 index.aspx。

预备知识

内容页的代码需要放在控件<asp:Content ID="Content1" ContentPlaceHolderID="ContentPlaceHolder1" Runat="Server"></ asp:Content>中。ContentPlaceHolderID 对应母版页中 ContentPlaceHolder 控件的 ID。

后台管理首页与对应的 HTML 代码如图 4-4 所示。

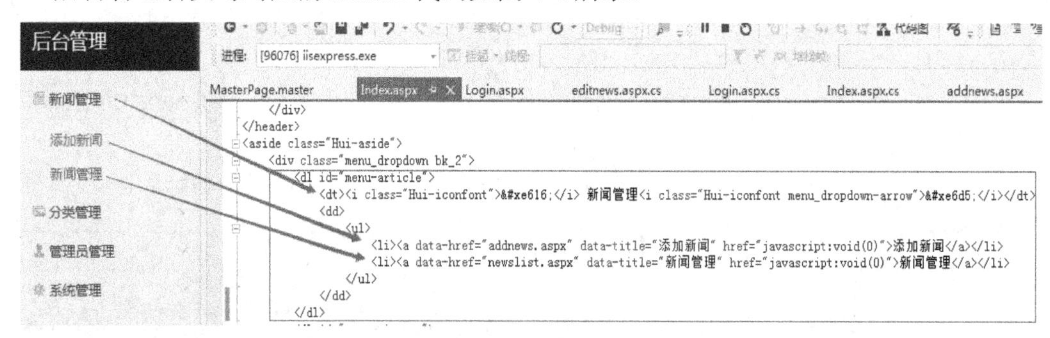

图 4-4　后台管理首页与对应的 HTML 代码

任务实施

步骤 1：用母版页创建后台管理首页。

在 Visual Studio 2013 中右击 BackDesk 文件夹，选择“添加”→“新建项目”选项，在弹出的对话框中进行如图 4-5 所示的设置。

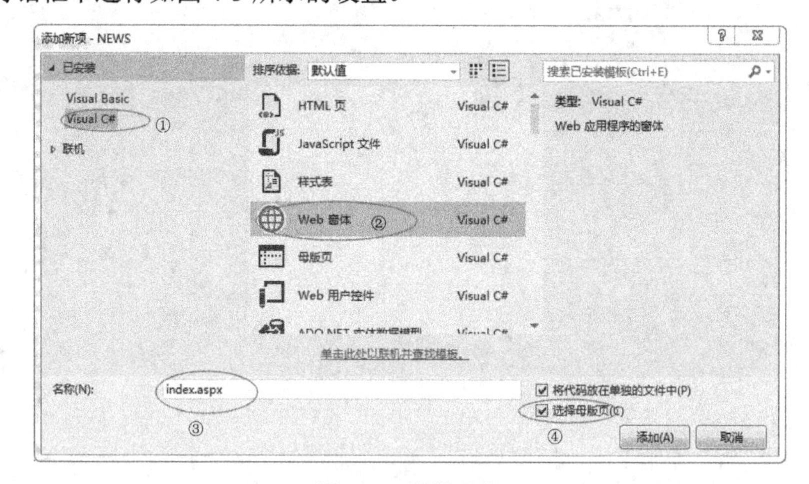

图 4-5　新建项目

单击“添加”按钮，按如图 4-6 所示进行选择后单击“确定”按钮。

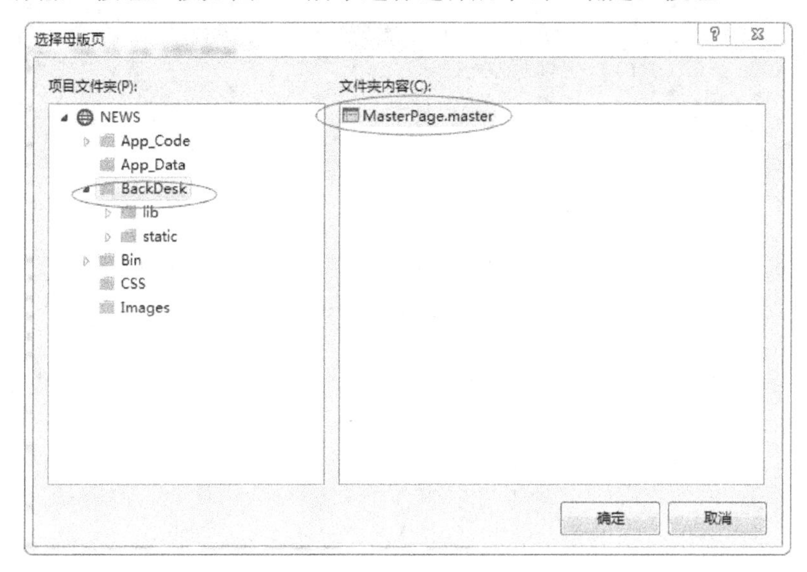

图 4-6 选择母版页

步骤 2：管理后台管理首页。

在 H-ui.admin.zip 解压文件中找到 index.html，将 index.html 中的核心代码复制到 index.aspx 中，最终代码如下。

```
    <%@ Page Title="" Language="C#" MasterPageFile="~/BackDesk/
MasterPage.master" AutoEventWireup="true" CodeFile="Index.aspx.cs"
Inherits="Index" %>
    <asp:Content ID="Content1" ContentPlaceHolderID="ContentPlaceHolder1"
Runat="Server">
        <header class="navbar-wrapper">
     <div class="navbar navbar-fixed-top">
     <div class="container-fluid cl">
        <div style="height:45px;color:white;font-size:20px;">后台管理</div>
      </div>
          </div>
    </header>
    <aside class="Hui-aside">
    <div class="menu_dropdown bk_2">
     <dl id="menu-article">
         <dt><i class="Hui-iconfont">&#xe616;</i> 新闻管理<i class="Hui-
iconfont menu_dropdown-arrow">&#xe6d5;</i></dt>
         <dd>
            <ul>
              <li><a data-href="addnews.aspx" data-title="添加新闻"
```

```
href="javascript:void(0)">添加新闻</a></li>
                        <li><a data-href="newslist.aspx" data-title="新闻管理"
href="javascript:void(0)">新闻管理</a></li>
                </ul>
              </dd>
        </dl>
        <dl id="menu-picture">
            <dt><i class="Hui-iconfont">&#xe613;</i> 分类管理<i
class="Hui-iconfont menu_dropdown-arrow">&#xe6d5;</i></dt>
            <dd>
              <ul>
                <li><a data-href="picture-list.html" data-title="类别管理"
href="javascript:void(0)">类别管理</a></li>
              </ul>
            </dd>
        </dl>
        <dl id="menu-admin">
            <dt><i class="Hui-iconfont">&#xe62d;</i> 管理员管理<i
class="Hui-iconfont menu_dropdown-arrow">&#xe6d5;</i></dt>
              <dd>
                  <ul>
                  <li><a data-href="admin-role.html" data-title="角色管理"
href="javascript:void(0)">角色管理</a></li>
                  <li><a data-href="admin-permission.html" data-title="权限管理"
href="javascript:void(0)">权限管理</a></li>
                  <li><a data-href="admin-list.html" data-title="管理员列表"
href="javascript:void(0)">管理员列表</a></li>
                  </ul>
              </dd>
        </dl>
        <dl id="menu-system">
            <dt><i class="Hui-iconfont">&#xe62e;</i> 系统管理<i class="Hui-
iconfont menu_dropdown-arrow">&#xe6d5;</i></dt>
              <dd>
                  <ul>
                  <li><a data-href="system-base.html" data-title="修改密码"
href="javascript:void(0)">修改密码</a></li>
                  <li><a data-href="system-category.html" data-title="退出"
href="javascript:void(0)">退出</a></li>
```

```
            </ul>
          </dd>
       </dl>
      </div>
      </aside>
      <div class="dislpayArrow hidden-xs"><a class="pngfix" href="javascript:
void(0);" onClick="displaynavbar(this)"></a></div>
      <section class="Hui-article-box">
      <div id="Hui-tabNav" class="Hui-tabNav hidden-xs">
       <div class="Hui-tabNav-wp">
          <ul id="min_title_list" class="acrossTab cl">
           <li class="active">
              <span title="新闻管理" data-href="newslist.aspx">新闻管理</span>
              <em></em>
      </li>
          </ul>
       </div>
       <div class="Hui-tabNav-more btn-group"><a id="js-tabNav-prev" class=
"btn radius btn-default size-S" href="javascript:;"><i class="Hui-iconfont">
&#xe6d4;</i></a><a id="js-tabNav-next" class="btn radius btn-default size-S"
href="javascript:;"><i class="Hui-iconfont">&#xe6d7;</i></a></div>
      </div>
       <div id="iframe_box" class="Hui-article">
          <div class="show_iframe">
           <div style="display:none" class="loading"></div>
           <iframe scrolling="yes" frameborder="0"
src="newslist.aspx"></iframe>
       </div>
      </div>
      </section>
      <div class="contextMenu" id="Huiadminmenu">
      <ul>
       <li id="closethis">关闭当前 </li>
       <li id="closeall">关闭全部 </li>
      </ul>
      </div>
      <!--_footer 作为公共模板分离出去-->
      <script type="text/javascript" src="lib/layer/2.4/layer.js"></script>
     <script type="text/javascript" src="static/h-ui/js/H-ui.min.js"></script>
```

```
    <script type="text/javascript" src="static/h-ui.admin/js/H-ui.admin.js">
</script>
    <!--/_footer 作为公共模板分离出去-->
    </asp:Content>
```

任务四 ADO.NET 数据实体模型

任务描述

为了加快项目完成进度，本项目使用了 Entity Framework 5.0 对数据库进行操作，需要创建 ADO.NET 实体数据模型。

预备知识

在 Visual Studio 2013 中，可以利用 ADO.NET 的实体数据模型，根据数据库创建每个表的实体模型，这样对数据库的所有操作都是通过对实体模型进行操作实现的，数据库的操作交给 Entity Framework，由其自动处理，不用用户关心。

任务实施

步骤：在 Visual Studio 2013 中右击网站项目，选择“添加”→“新建项目”选项，在弹出的对话框中选择“ADO.NET 实体数据模型”选项，如图 4-7 所示。

图 4-7 添加新项

单击“添加”按钮，在弹出的提示对话框中单击“是”按钮，如图 4-8 所示。

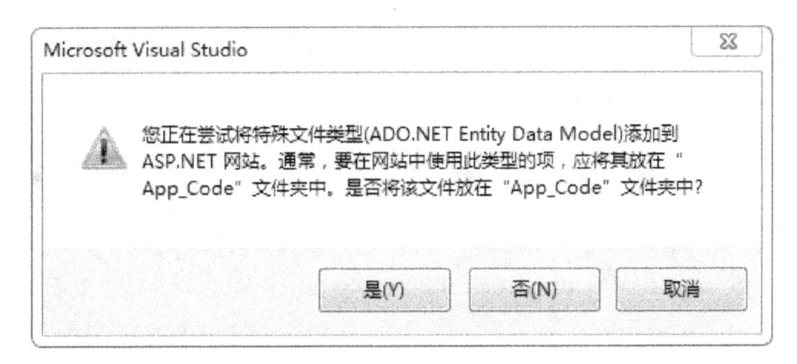

图 4-8　提示对话框

在弹出的如图 4-9 所示的对话框中选择“从数据库生成”选项，单击“下一步”按钮。

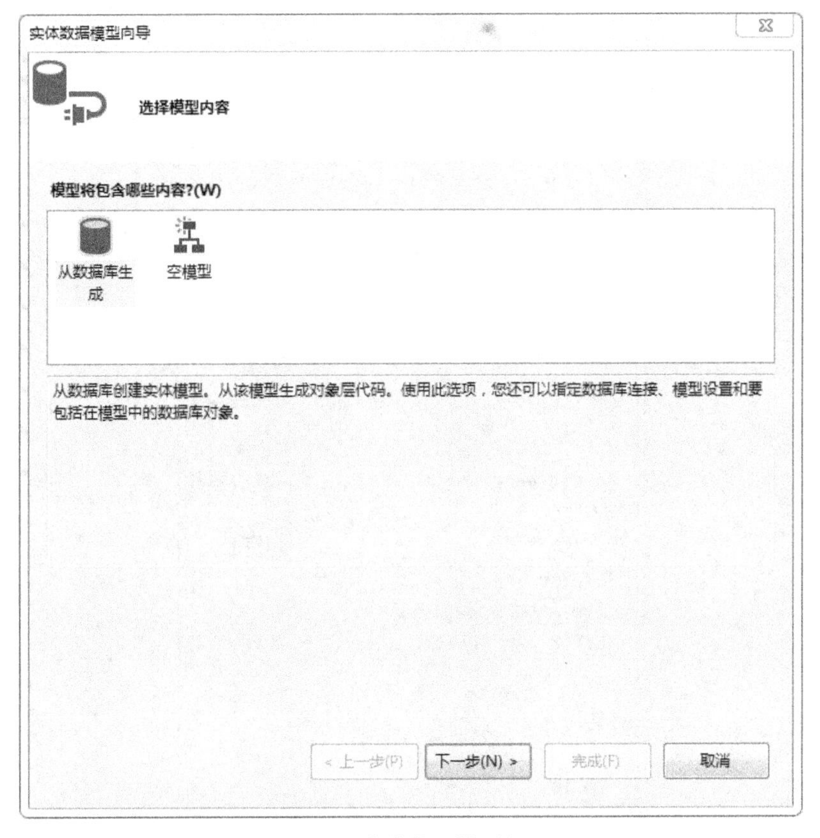

图 4-9　实体数据模型向导

在弹出的如图 4-10 所示的对话框中单击“新建连接”按钮。

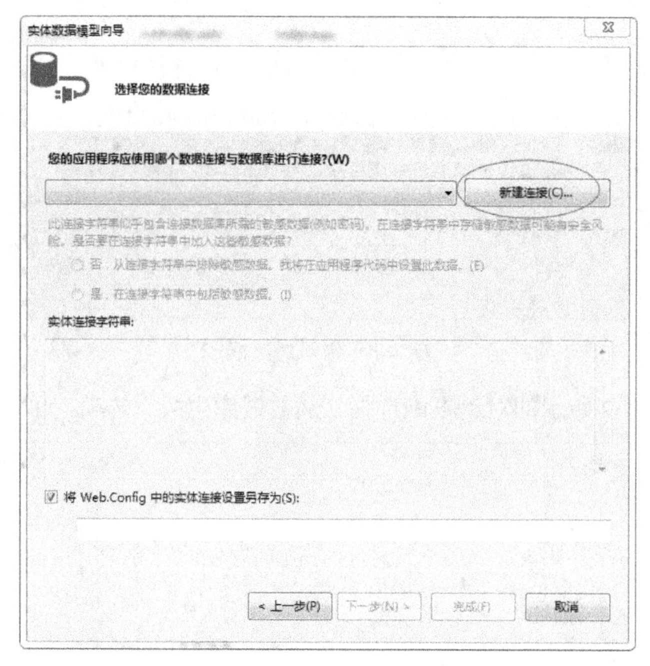

图 4-10　选择数据连接

在弹出的对话框中，按图 4-11 所示方式进行设置。

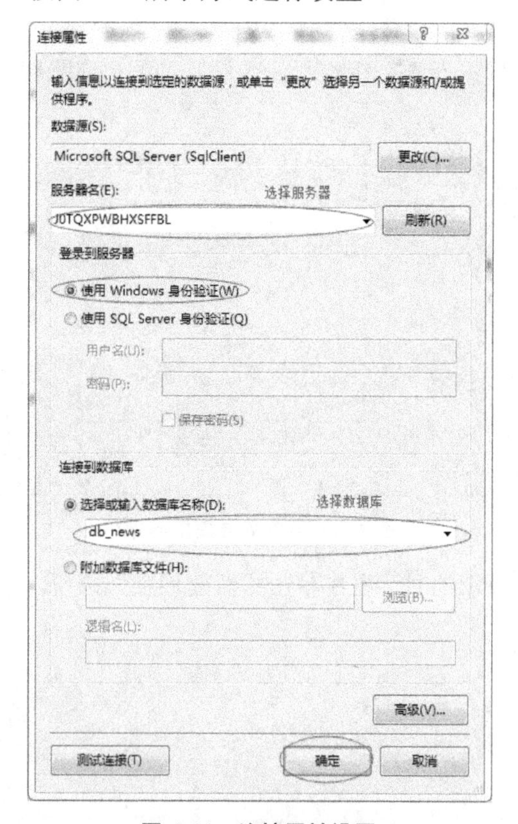

图 4-11　连接属性设置

在弹出的如图 4-12 所示的对话框中，单击“下一步”按钮。

图 4-12　数据连接

在弹出的如图 4-13 所示的对话框中，选中要生成实体数据模型的数据库和表，设置完成后单击“完成”按钮。

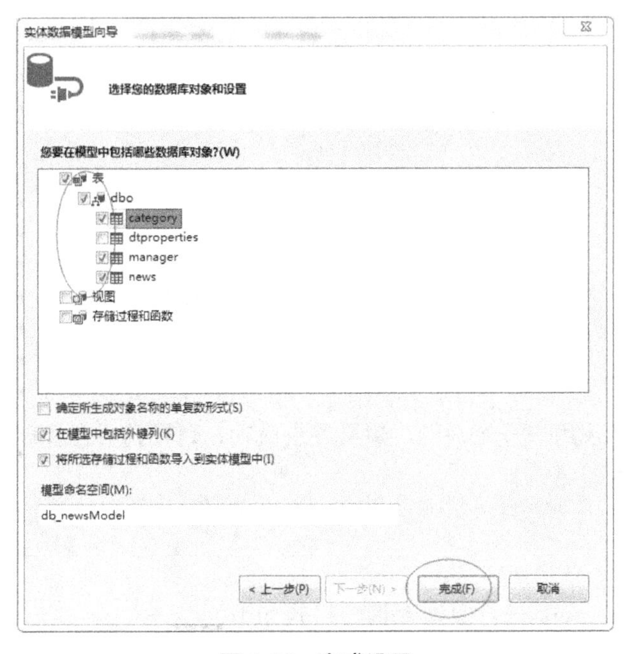

图 4-13　完成设置

生成的实体数据模型如图 4-14 所示。

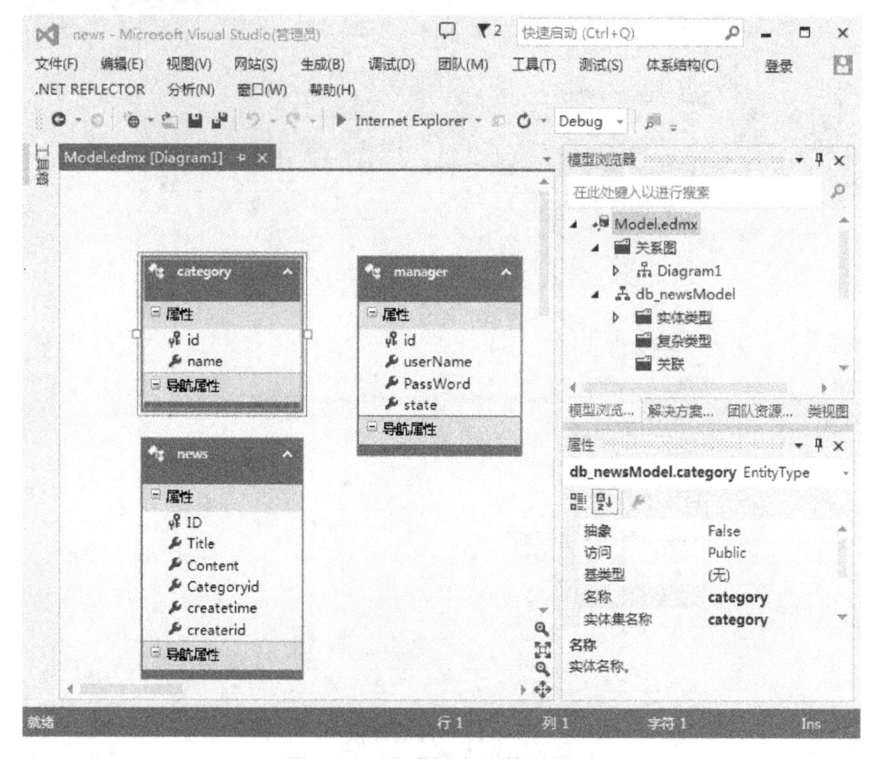

图 4-14　生成的实体数据模型

在 App_Code 中自动生成了如图 4-15 所示的文件。

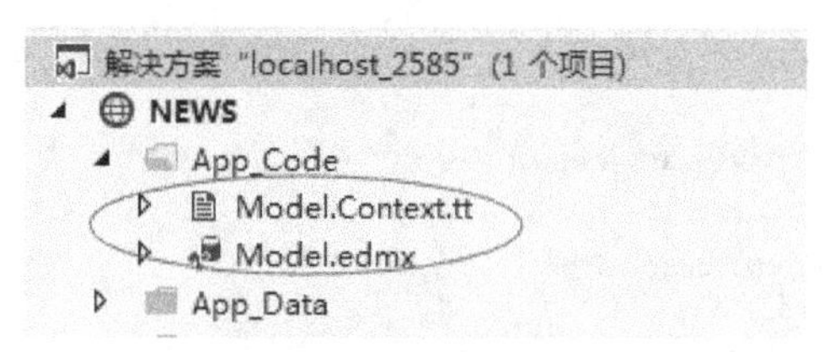

图 4-15　生成的文件

任务五　实现登录功能

任务描述

为 Login.aspx 实现用户登录功能，如果登录成功，则转到后台管理首页 index.aspx，否则提示“用户名或密码错误！”。

预备知识

使用 Entity Framework 进行数据查询的格式如下：

```
    using (var db = 实体模型上下文对象)
```

```
        {
            IQueryable<实体类>  list = db. 实体类.Where(条件);
    }
```

此处 using 保证实体模型后，会自动关闭数据库并回收资源。

任务实施

步骤 1：编写登录事件代码。

```
        protected void submit_Click(object sender, EventArgs e)
        {
            string txt_username = username.Text.Trim();  //用户名
            string txt_pwd = pwd.Text.Trim();              //密码
            using (var db = new db_newsEntities())
            {
                //条件查询
                     IQueryable<manager>
                qa=db.manager.Where(w=>w.userName==txt_username&&w.PassWord
==txt_pwd);
                manager user = qa.FirstOrDefault();//取得查询结果的第一条记录
                //如果查询到数据，则登录成功
                if (user!=null)
                {
                    Session["userid"] = user.id;//保存登录用户ID
                    Response.Redirect("Index.aspx");
                }
                else
                {
                    lab_msg.Text = "用户名或密码错误！";
                }
            }
        }
```

步骤 2：验证管理员是否登录。

打开母版页的后台代码文件 MasterPage.master.cs，编写如下代码。

```
        protected void Page_Load(object sender, EventArgs e)
        {
            if (Session["userid"] == null || Session["userid"] == "")
                Response.Redirect("login.aspx");
    }
```

任务六　新闻管理

任务描述

制作新闻管理页面 newslist.aspx，用于通过新闻标题和新闻分类查询、显示新闻列表，当标题为空、新闻分类为“全部分类”时，显示所有新闻，否则按条件显示新闻。

预备知识

（1）Repeater 控件用于显示重复的项。其语法格式如下。

```
<asp:Repeater id="Repeater1" runat="server">
 <HeaderTemplate>重复项的头，此处不会重复显示</HeaderTemplate>
 <ItemTemplate>重复的项，此处会重复显示</ItemTemplate>
 <FooterTemplate>重复项的脚，此处不会重复显示</FooterTemplate>
</asp:Repeater>
```

例如，用于显示表格的代码如下。

```
<asp:Repeater id="table" runat="server">
 <HeaderTemplate><table></HeaderTemplate>
 <ItemTemplate><tr><td></td></tr></ItemTemplate>
 <FooterTemplate></table</FooterTemplate>
</asp:Repeater>
```

（2）Repeater 控件绑定数据源的方法与 GridView 控件绑定数据源的方法一样。其语法格式如下。

```
Repeater1.DataSource =数据源;
Repeater1.DataBind();
```

（3）Repeater 中显示数据源数据的方法如下。

```
<%#Eval("字段名") %>
```

（4）Entity Framework 不仅可以通过实体模型操作数据库，还可以执行数据库 SQL 语句，对于一些比较复杂的查询，可以通过执行 SQL 语句来实现。其语法格式如下。

```
using (var db = new db_newsEntities())  //创建数据库上下文
{
    //以同步的方式执行SQL，并返回受影响的行数，一般用于进行添加、修改、删除等操作
int result = db.Database.ExecuteSqlCommand(SQL语句);
//返回记录集，一般用于查询
IEnumerable<news> result1 = db.Database.SqlQuery< news>( SQL语句);
}
```

任务实施

步骤 1：创建新闻管理页 newslist.aspx。

创建方法可参考本项目的任务三。

步骤 2：编辑 newslist.aspx 页面，代码如下(HTML 代码请参考 H-ui.admin.zip 文件中的 article-list.html)。

```
<%@ Page Title="" Language="C#" MasterPageFile="~/BackDesk/ MasterPage.
master" AutoEventWireup="true" CodeFile="newslist.aspx.cs" Inherits="BackDesk
_newslist" %>

<asp:Content ID="Content1" ContentPlaceHolderID="ContentPlaceHolder1"
Runat="Server">
    <asp:TextBox ID="txt_title" runat="server" style="width:250px"
class="input-text"  placeholder=" 文章标题"></asp:TextBox>
    <span class="select-box inline"><asp:DropDownList ID="s_category"
runat="server" class="select">
    </asp:DropDownList>
    </span>
    <asp:Button ID="Button1" runat="server" Text="查询" class="btn
btn-success" OnClick="Button1_Click"></asp:Button>
  <asp:Repeater ID="Repeater1" runat="server">
    <HeaderTemplate>
    <table class="table table-border table-bordered table-bg table-hover
table-sort table-responsive">
  <thead>
      <tr class="text-c">
      <th width="80">编号</th>
      <th>标题</th>
      <th width="80">分类</th>
      <th width="80">发布人</th>
      <th width="120">更新时间</th>
      <th width="120">操作</th>
      </tr>
  </thead>
  <tbody>
     </HeaderTemplate>
     <ItemTemplate>
  <tr class="text-c">
  <td><%#Eval("id") %></td>
  <td class="text-l"><u style="cursor:pointer" class="text-primary"
onClick="article_view(this,'<%#Eval("id") %>')" title="查看
"><%#Eval("title") %></u></td>
```

```
        <td><%#Eval("category") %></td>
        <td><%#Eval("username") %></td>
        <td><%#Eval("createtime") %></td>
        <td class="f-14 td-manage"><a style="text-decoration:none" class=
"ml-5" onClick="article_edit(this,'<%#Eval("id") %>')" href="javascript:;"
title="编辑"><i class="Hui-iconfont">&#xe6df;</i></a> <a style="text-decoration:
none" class="ml-5" onClick="article_del(this,'<%#Eval("id") %>')" href=
"javascript:;" title="删除"><i class="Hui-iconfont">&#xe6e2;</i></a></td>
        </tr>
          </ItemTemplate>
          <FooterTemplate>
        </tbody>
        </table>
          </FooterTemplate>
      </asp:Repeater>
      <script type="text/javascript">
          /*查询*/
          function article_view(obj, id) {
              location.href = "/detail.aspx?id=" + id;
          }
          /*编辑*/
          function article_edit(obj, id) {
              location.href = "editnews.aspx?id=" + id;
          }
          /*删除*/
          function article_del(obj, id) {
              layer.confirm('确认要删除吗？', function (index) {
                  location.href = "delnews.aspx?id=" + id;
              });
          }
      </script>
      </asp:Content>
```

步骤3：编写代码，实现功能。

```
    protected void Page_Load(object sender, EventArgs e)
    {
        if (!IsPostBack)
        {
            using (var db = new db_newsEntities())
            {
```

```
                s_category.DataTextField = "name";
                s_category.DataValueField = "id";
                s_category.DataSource = db.category.ToList<category>();
                s_category.DataBind();
                s_category.Items.Insert(0, new ListItem("全部分类", "0"));
                ShowData();
            }
        }
    }
    protected void Button1_Click(object sender, EventArgs e)
    {
        ShowData();
    }
    private void ShowData()
    {
        using (var db = new db_newsEntities())
        {
            string category = s_category.SelectedValue;
            string title = txt_title.Text.Trim();
            string sql = "select news.ID as id, news.Title as title,
news.createtime, category.name AS category, manager.userName";
            sql = sql + " from news,manager,category where(news.createrid
= manager.id and news.Categoryid = category.id) ";
            if (!string.IsNullOrEmpty(title))
                sql = sql + " and title like '%" + title + "%'";
            if (!string.IsNullOrEmpty(category) && int.Parse(category) > 0)
                sql = sql + " and news.Categoryid=" + category;
            sql = sql + " order by createtime desc";
            Repeater1.DataSource = db.Database.SqlQuery<temp>
(sql).ToList();
            Repeater1.DataBind();
        }
    }
    class temp
    {
        public int id{get;set;}                          //新闻编号
        public string title { get; set; }          //标题
        public DateTime createtime { get; set; } //创建时间
        public string category { get; set; }       //分类
```

```
        public string username { get; set; }        //创建人
    }
```

任务七　添加新闻

任务描述

创建新闻添加页 addnews.aspx，实现添加新闻功能。要求通过此页面添加标题、内容和分类；添加时间为并系统时间，添加人为登录用户 ID。

预备知识

（1）UEditor 在线编辑的用法和配置请查阅网上教程。

（2）Entity Framework 添加数据的语法格式如下。

```
using (var db = new  实体模型上下文对象())
{
实体类  item=new  实体类()
//在此处添加为item各字段赋值的代码
db.实体类.Add(item);
//保存修改，n为受影响的记录数
int n=db.SaveChanges();
}
```

任务实施

步骤 1：创建新闻添加页 addnews.aspx。

步骤 2：编辑 addnews.aspx 页面，代码如下。

```
    <%@ Page Title="" Language="C#" MasterPageFile="~/BackDesk/
MasterPage.master" AutoEventWireup="true" CodeFile="addnews.aspx.cs" Inherits
="BackDesk_addnews" validateRequest="false"%>
    <asp:Content ID="Content1" ContentPlaceHolderID="ContentPlaceHolder1"
Runat="Server">
    <article class="page-container">
        <div class="form form-horizontal">
            <div class="row cl">
        <label class="form-label col-xs-4 col-sm-2"><span class="c-red">*
</span>文章标题：</label>
        <div class="formControls col-xs-8 col-sm-9">
                <asp:TextBox ID="TextBox1" runat="server" class="input-
text" ClientIDMode="Static"></asp:TextBox>
        </div>
```

```
        </div>
            <div class="row cl">
            <label class="form-label col-xs-4 col-sm-2"><span class="c-red">*
</span>分类栏目：</label>
            <div class="formControls col-xs-8 col-sm-9">
        <span class="select-box">
                    <asp:DropDownList ID="d_category" runat="server"> </asp:
DropDownList>
                    </span>
             </div>
        </div>
               <div class="row cl">
             <label class="form-label col-xs-4 col-sm-2">文章内容：</label>
            <div class="formControls col-xs-8 col-sm-9">
                        <asp:TextBox ID="TextBox2" runat="server" Height="207px"
ClientIDMode="Static"
                    TextMode="MultiLine" CssClass="ckeditor"
style="width:100%;height:400px;"></asp:TextBox>
            </div>
        </div>
                <div class="row cl">
            <div style="text-align:center">
                        <asp:Button ClientIDMode="Static" ID="Button2" runat=
"server" Text="添加" onclick="Button2_Click" class="btn btn-primary radius"/>
                    </div>
        </div>
            </div>
        </article>
       <script type="text/javascript" src="lib/ueditor/1.4.3/ueditor.config.js">
</script>
       <script type="text/javascript" src="lib/ueditor/1.4.3/ueditor.all.min.js">
</script>
       <script type="text/javascript" src="lib/ueditor/1.4.3/lang/zh-cn/zh-cn.js">
</script>
        <script type="text/javascript">
            $(function(){
                var ue = UE.getEditor('TextBox2');
            });
        </script>
```

```
    </asp:Content>
```

步骤 3：编写代码，实现功能。

```
    protected void Page_Load(object sender, EventArgs e)
        {
            if (!IsPostBack)
            {
                using (var db = new db_newsEntities())
                {
                    d_category.DataTextField = "name";
                    d_category.DataValueField = "id";
                    d_category.DataSource = db.category.ToList<category>();
                    d_category.DataBind();
                }
            }
        }
        //添加按钮事件
        protected void Button2_Click(object sender, EventArgs e)
        {
            news item = new news();
            item.Title=TextBox1.Text.Trim();
            item.Content=TextBox2.Text.Trim();
            item.Categoryid=d_category.SelectedValue;
            item.createtime=DateTime.Now;
            item.createrid=int.Parse(Session["userid"].ToString());
            using (var db = new db_newsEntities())
            {
                db.news.Add(item);
                int n=db.SaveChanges();
                if(n>0)Response.Redirect("newslist.aspx");
            }
        }
```

任务八　修改新闻

任务描述

创建新闻修改页 editnews.aspx，实现修改新闻功能。要求能通过 ID 查询要修改的新闻，并将该新闻的标题、分类、内容显示在界面中，方便管理员修改。通过界面修改标题、内容和分类；添加时间和添加人不改动。

预备知识

（1）UEditor 在线编辑的用法和配置请查阅网上教程。

（2）Entity Framework 修改数据的语法格式如下。

```
using (var db = new  实体模型上下文对象())
{
实体类  item=db.实体类.Where(条件).FirstOrDefault();//查询要修改的记录
//在此处添加为item各字段赋值的代码
db.Entry(item).State = System.Data.EntityState.Modified;//将状态设为修改
//保存修改，n为受影响的记录数
int n=db.SaveChanges();
}
```

任务实施

步骤 1：创建新闻添加页 editnews.aspx。

步骤 2：编辑 editnews.aspx 页面，代码如下。

```
    <%@ Page Title="" Language="C#" MasterPageFile="~/BackDesk/
MasterPage.master" AutoEventWireup="true" CodeFile="editnews.aspx.cs"
Inherits="BackDesk_editnews" validateRequest="false"%>
    <asp:Content ID="Content1" ContentPlaceHolderID="ContentPlaceHolder1"
Runat="Server">
    <article class="page-container">
      <div class="form form-horizontal">
        <div class="row cl">
     <label class="form-label col-xs-4 col-sm-2"><span
class="c-red">*</span>文章标题：</label>
     <div class="formControls col-xs-8 col-sm-9">
              <asp:TextBox ID="TextBox1" runat="server" class="input-
text" ClientIDMode="Static"></asp:TextBox>
     </div>
    </div>
      <div class="row cl">
     <label class="form-label col-xs-4 col-sm-2"><span class="c-red">*</span>
分类栏目：</label>
     <div class="formControls col-xs-8 col-sm-9">
    <span class="select-box">
           <asp:DropDownList ID="d_category" runat="server">
</asp:DropDownList>
```

```
                </span>
          </div>
        </div>
              <div class="row cl">
          <label class="form-label col-xs-4 col-sm-2">文章内容：</label>
         <div class="formControls col-xs-8 col-sm-9">
                    <asp:TextBox ID="TextBox2" runat="server" Height="207px"
ClientIDMode="Static"
                 TextMode="MultiLine" CssClass="ckeditor"
style="width:100%;height:400px;"></asp:TextBox>
         </div>
        </div>
               <div class="row cl">
         <div style="text-align:center">
                    <asp:Button ClientIDMode="Static" ID="Button2" runat=
"server" Text="添加" onclick="Button2_Click" class="btn btn-primary radius"/>
                 </div>
        </div>
            </div>
        </article>
        <script type="text/javascript" src="lib/ueditor/1.4.3/
ueditor.config.js"></script>
        <script type="text/javascript" src="lib/ueditor/1.4.3/
ueditor.all.min.js"> </script>
        <script type="text/javascript" src="lib/ueditor/1.4.3/
lang/zh-cn/zh-cn.js"></script>
        <script type="text/javascript">
            $(function(){
                var ue = UE.getEditor('TextBox2');
            });
        </script>
        </asp:Content>
```

步骤 3：编写代码，实现显示原数据功能。

```
        protected void Page_Load(object sender, EventArgs e)
            {
                if (!IsPostBack)
                {
                    int id = int.Parse(Request["id"]);
                    using (var db = new db_newsEntities())
```

```
            {
                d_category.DataTextField = "name";
                d_category.DataValueField = "id";
                d_category.DataSource = db.category.ToList();
                d_category.DataBind();
                news item = db.news.Where(p => p.ID == id).FirstOrDefault();
                if (item!=null)
                {
                    TextBox1.Text =item.Title;
                    TextBox2.Text = item.Content;
                    d_category.SelectedValue = item.Categoryid;
                }
            }
        }
    }
```

步骤 4：编写代码，实现修改数据功能。

```
    protected void Button2_Click(object sender, EventArgs e)
    {
        int id = int.Parse(Request["id"]);
        using (var db = new db_newsEntities())
        {
            news item = db.news.Where(p => p.ID == id).FirstOrDefault();
            item.Title = TextBox1.Text.Trim();
            item.Content = TextBox2.Text.Trim();
            item.Categoryid = d_category.SelectedValue;
            db.Entry(item).State = System.Data.EntityState.Modified;
            int n = db.SaveChanges();
            if (n > 0) Response.Redirect("newslist.aspx");
        }
    }
```

任务九 删除新闻

任务描述

创建删除新闻页 delnews.aspx，实现删除新闻功能。要求能通过 ID 查询要删除的新闻，查询到该新闻后进行删除操作。删除前要有对用户的提示，以免误删。

预备知识

（1）删除前的提示使用 JavaScript 技术，可查阅 newslist.aspx，代码如下。

```
    <a  onClick="return confirm ('确认要删除吗');"  href="删除处理地址" >删除
</a>
```

本项目使用了 JavaScript 第三方扩展插件——layer

（2）Entity Framework 删除数据的语法格式如下。

```
    using (var db = new  实体模型上下文对象())
    {
    实体类  item=db. 实体类.Where(条件).FirstOrDefault();  //查询要修改的记录
    //如果找到，则删除
                if (item != null)
                {
                    db. 实体类.Remove(item);              //删除
                    int n = db.SaveChanges();             //保存修改
                }
    }
```

任务实施

步骤 1：创建新闻删除页 delnews.aspx。

步骤 2：编写代码，实现删除功能。

```
        protected void Page_Load(object sender, EventArgs e)
        {
            using (var db = new db_newsEntities())
            {
                int id = int.Parse(Request["id"]);     //取得要删除的新闻ID
                news item = db.news.Where(p=>p.ID==id).FirstOrDefault();
                                                       //通过ID查询新闻
                                                       //如果找到新闻
                if (item != null)
                {
                    db.news.Remove(item);              //则删除新闻
                    int n = db.SaveChanges();          //保存
                    if (n > 0) Response.Redirect("newslist.aspx");
                    else Response.Write("删除不成功！");
                }
            }
        }
```

任务十　创建新闻首页

任务描述

利用网站根目录中的母版文件 MasterPage.master 创建新闻首页，文件名为 Index.aspx，效果如图 4-16 所示。

图 4-16　新闻首页

预备知识

可以用<%c#代码%>将 ASP.NET 代码嵌入 HTML 标签，显示变量的值写为<%=变量名%>，相当于<%Response.Write(变量名);%>。

任务实施

步骤 1：创建新闻首页 Index.aspx。

选择网站根目录中的 MasterPage.master 作为母版。

步骤 2：编写内容页代码。

```
    <%@ Page Title="" Language="C#" MasterPageFile="~/MasterPage.master"
AutoEventWireup="true" CodeFile="index.aspx.cs" Inherits="index" %>

    <asp:Content ID="Content1" ContentPlaceHolderID="ContentPlaceHolder1"
```

```
Runat="Server">
                <ul class="ullist">
                    <%foreach(category item in cateList) {
                          int id = item.id;
                     %>
                        <li class="ullistli">
                          <div>
                                <div id="lbmk">
                                    <div id="lbmk_title2">
                                        <div
id="lbmk_title_name2"> <%=item.name%></div>
                                        <div id="lbmk_title_more"><a
href="newslist.aspx?id=<%=id%>">更多</a></div>
                                    </div>
                                    <div style=" padding-left:5px; padding-
right:5px;">
                                    <ul>
                                        <%
                                          foreach (news c in getNews(id, 7))
                                          {%>
                                         <li id="lbmk_li_title">
                                             <img src="images/icon04.gif" />
                                          <a href="Detail.aspx?id=<%=c.ID %>">
<%=c.Title%>  (<%=c.createtime%>)</a></li>
                                        <% }%>
                                    </ul>
                                    </div>
                                </div>
                          </div></li>
                    <%} %>
                </ul>
        </asp:Content>
```

步骤 3：编写代码，实现功能。

```
        protected List<category> cateList = null;
        protected void Page_Load(object sender, EventArgs e)
        {
            if (!IsPostBack)
            {
                using (var db = new db_newsEntities())
```

```
                {
                    cateList = db.category.ToList<category>();//取得全部新闻分类
                }
            }
        }
        /// <summary>
        /// 根据分类ID取得指定数目的新闻
        /// </summary>
        /// <param name="Categoryid">新闻分类ID</param>
        /// <param name="count">要取的新闻数目</param>
        /// <returns>新闻集合</returns>
        public List<news> getNews(int Categoryid, int count)
        {
            using (var db = new db_newsEntities())
            {
                return db.news.Where(p => p.Categoryid ==
Categoryid).Take(count).OrderByDescending(p=>p.createtime).ToList<news>();
            }
        }
```

任务十一　创建新闻列表页

任务描述

利用网站根目录中的母版文件 MasterPage.master 创建新闻列表页，文件名为 newslist.aspx，效果如图 4-17 所示。

图 4-17　新闻列表页

任务实施

步骤 1：创建新闻列表页 newslist.aspx。

请选择网站根目录中的 MasterPage.master 作为母版。

步骤 2：编写内容页代码。

```
<%@ Page Title="" Language="C#" MasterPageFile="~/MasterPage.master"
AutoEventWireup="true" CodeFile="newslist.aspx.cs" Inherits="newslist" %>
<asp:Content ID="Content1" ContentPlaceHolderID="ContentPlaceHolder1"
Runat="Server">
    <a href="index.aspx">首页</a>\<%=categoryname %>
     <asp:Repeater runat="server" ID="Repeater1">
         <HeaderTemplate>
             <ul>
         </HeaderTemplate>
         <ItemTemplate>
             <li id="lbmk_li_title">
                 <div style="float:left;width:800px;">
                 <img src="images/icon04.gif" />
                 <a href="Detail.aspx?id=<%#Eval("id") %>"><%#Eval
("title") %></a>
                 </div>
                 <div style="width:190px;text-align:right;"><%#Eval
("createtime") %></div>
             </li>
         </ItemTemplate>
         <FooterTemplate></ul></FooterTemplate>
     </asp:Repeater>
</asp:Content>
```

步骤 3：编写代码，实现功能。

```
protected string categoryname = "";//分类名
protected void Page_Load(object sender, EventArgs e)
{
    if (!IsPostBack)
    {
        int categoryid =int.Parse(Request["id"]);
        using (var db = new db_newsEntities())
        {
            category item = db.category.Where(p => p.id ==
categoryid).FirstOrDefault();
```

```
                    if (item != null) categoryname = item.name;
                    Repeater1.DataSource = db.news.Select(s => new
{ s.ID,s.Title,s.createtime,s.Categoryid})
        .Where(p => p.Categoryid == categoryid).OrderByDescending(o =>
o.createtime).ToList();
                    Repeater1.DataBind();
                }
            }
        }
```

任务十二　创建新闻详细页

任务描述

当单击新闻超链接时，实现新闻浏览功能。

任务实施

步骤 1：创建新闻详细页 detail.aspx。

请选择网站根目录中的 MasterPage.master 作为母版。

步骤 2：编写内容页代码。

```
    <%@ Page Title="" Language="C#" MasterPageFile="~/MasterPage.master"
AutoEventWireup="true" CodeFile="detail.aspx.cs" Inherits="detail" %>

    <asp:Content ID="Content1" ContentPlaceHolderID="ContentPlaceHolder1"
Runat="Server">
        <div style="text-align:center;">
            <asp:Label ID="Label1" runat="server" Text="Label"
Font-Size="18px"></asp:Label>
            <br />
            <asp:Label ID="Label2" runat="server" Text="Label"></asp:Label>
        </div>
        <br />
        <hr />
        <br />
        <asp:Label ID="Label3" runat="server" Text="Label"></asp:Label>
    </asp:Content>
```

步骤 3：编写代码，实现功能。

```
        protected void Page_Load(object sender, EventArgs e)
        {
```

```
            if (!IsPostBack)
            {
                int id=int.Parse(Request["id"]);
                using (var db = new db_newsEntities())
                {
                    news item = db.news.Where(p => p.ID == id).SingleOrDefault
<news>();
                    if (item!=null)
                    {
                        Label1.Text = item.Title;
                        Label2.Text = item.createtime.ToString();
                        Label3.Text = item.Content;
                    }
                    else Label1.Text = "新闻不存在";
                }
            }
        }
```

四、项目总结

本项目使用 Entity Framework 技术实现了数据的添加、修改、删除及查询，提高了编程效率；使用 H-ui.admin 后台管理框架，简化了网站对美工的要求，美化了网站后台；使用 UEditor 实现了信息的在线编辑。

五、知识巩固

（1）仿照新闻管理功能，实现新闻分类的添加、修改及删除，要求删除新闻分类时，如果该分类下有新闻，则不允许删除。

（2）仿照新闻管理功能，实现管理员的添加，并修改管理员密码。

项目五　网上商城

一、项目背景

小米公司通过互联网平台构建了新的电商平台，快速成为中国手机业的巨头之一，企业的网上商城将会给企业带来新的机遇，使用户随时随地快速购买所需的东西，企业也减少了中间的销售成本，提高了企业的利润。

二、项目分析

（一）功能分析

前台用户可以按照商品的分类浏览商品信息，找到需要的商品并将其加入购物车，购买商品完成后提交购物车，系统会显示订单编号和支付方式，用户可以根据信息进行付款，本实例考虑到项目的流程，只制作了支付的功能，没有集成支付宝和银联等，需要使用这些功能时，可以参考相关的文档进行开发。其中，用户功能的具体作用如下。

（1）用户管理：用户可以注册和登录账号，可以设置自己的密码，也可以更改自己的地址信息。

（2）用户购物：用户可以选择商品并放入购物车，选择完毕后，可以进行结算和付款（无须对接支付宝等），添加商品地址。

（3）账户管理：用户可以在账户管理中查看订单的情况。

后台管理员实现的功能主要是对商品分类的管理、商品信息的管理和订单的管理，包括对商品信息的添加、修改和对订单的发货处理两个模块。

（1）用户管理：普通用户的管理，后台管理员的添加、修改、删除，管理员可以修改自己的密码，其他人员的密码只能重置，密码采用 MD5 加密。

（2）商品分类：分类的管理和添加。

（3）商品管理：商品的管理和添加，要求可以实现商品的图片上传并使用文本编辑器进行编辑（商品只能属于一种分类）。

（4）订单管理：可以对订单进行管理，可以查询已付款、未付款、已发货的订单，商品购买后，还可以发送商品的快递单号。

（二）用例图

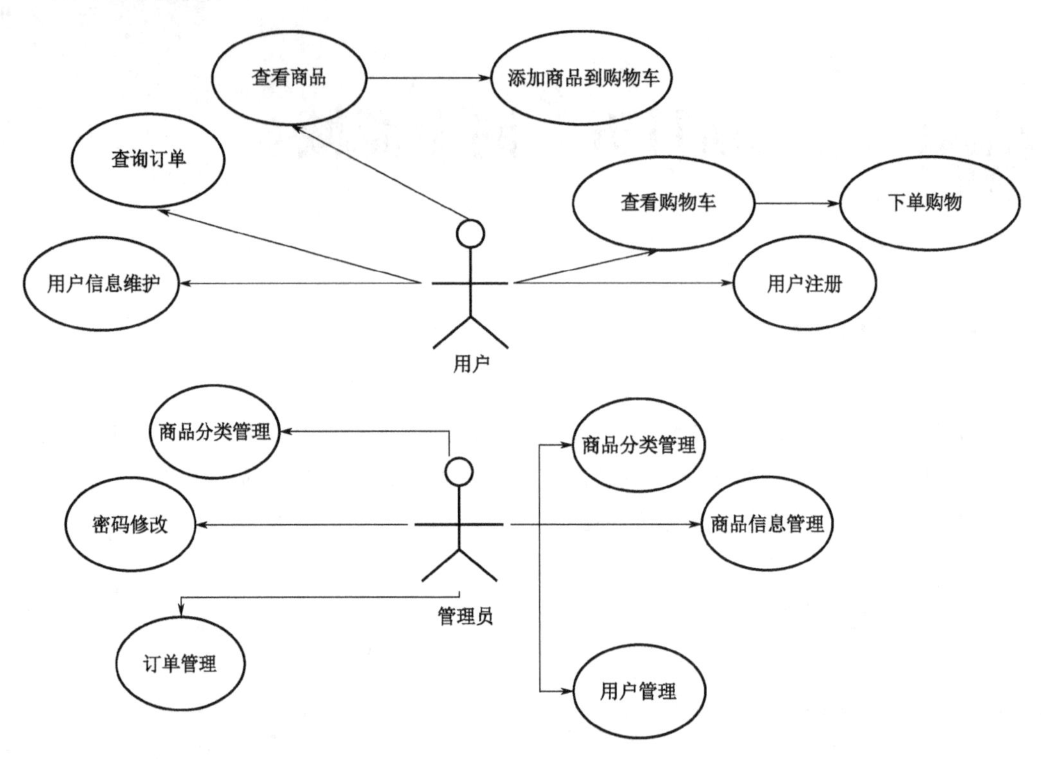

（三）数据库结构

ElectricBusinessSystem 中的主要数据表

表名称	备注
TAdmin	后台管理员账户表
TUser	用户表
TUserToken	用户 token 表
TUserAddress	用户地址表
TGoods	商品表
TGoodsClass	商品分类表
TOrder	订单主表
TOrderGoods	订单商品表

TAdmin

字段名	类型	是否为空	备注
Id	int	否	
Name	varchar	否	用户名
Sex	varchar	是	性别，即男或者女
Role	varchar	否	身份，0 表示超级管理员，1 表示普通管理员
Password	varchar	否	密码
Phone	varchar	否	手机号
CreateTime	datetime	否	创建时间

TUser

字段名	类型	是否为空	备注
Id	int	否	
UserAccount	varchar	否	用户账号
Name	varchar	否	用户名
Sex	varchar	是	性别，即男或者女
HeadIcon	varchar	是	用户头像
Password	varchar	否	密码
Phone	varchar	否	手机号
Email	varchar	否	邮箱
CreateTime	datetime	否	创建时间

TUserToken

字段名	类型	是否为空	备注
Id	int	否	
UserId	int	否	用户 ID
Token	varchar	否	Token
CreateTime	dateTime	否	创建时间
ExpiryDate	int	否	有效期，天数计算

TUserAddress

字段名	类型	是否为空	备注
Id	int	否	
UserId	int	否	用户 ID
Name	varchar	否	姓名
Phone	dateTime	否	手机
Province	varchar	否	省份
City	varchar	否	城市
DistrictCounty	varchar	否	区县
InfoAddress	varchar	否	详细地址
Postcode	varchar	否	邮政编码
CreateTime	dateTime	否	创建时间
IsDefault	bit	否	是否为默认地址

TGoods

字段名	类型	是否为空	备注
Id	int	否	
GoodsClassId	int	否	分类 ID
Name	varchar	否	商品名称
ImgUrls	varchar	是	图片地址，用逗号隔开
Price	money	否	单价
Detail	text	是	商品描述

续表

字段名	类型	是否为空	备注
SalesVolume	int	否	销量
CreateTime	dateTime	否	创建时间
State	int	否	商品状态，0 表示正常，1 表示无货，2 表示下架

TGoodsClass

字段名	类型	是否为空	备注
Id	int	否	
Name	varchar	否	分类名称
BaseId	int	否	父分类 ID
Type	int	否	分类类别（1 表示一级分类，2 表示二级分类）
State	int	否	状态，0 表示正常，1 表示下架，2 表示冻结

TOrder

字段名	类型	是否为空	备注
Id	int	否	
OrderNo	varchar	否	订单编号
UserId	int	否	用户 ID
CreteTime	datetime	否	创建时间
SumMoney	money	否	商品总价格
GoodsNumber	int	是	商品总数量
ReceiptAddress	varchar	是	收货人地址
ReceiptPhone	varchar	是	收货人联系方式
ReceiptName	varchar	是	收货人姓名
ReceiptTime	datetime	是	收货时间
ShippingType	varchar	是	配送方式
ShippingMoney	money	是	运费
ShippingTime	datetime	是	开始配送日期
IsPay	bit	否	是否已支付
PayType	varchar	是	支付方式，0 表示未支付，1 表示已支付
PayTime	datetime	是	支付时间
IsInvoice	bit	是	是否已开发票，0 表示未开发票，1 表示开发票
DealTime	datetime	是	商家处理订单时间
Status	int	否	订单状态， 0 表示取消； 1 表示删除； 2 表示待处理； 3 表示待配送； 4 表示配送中； 5 表示已完成；

TOrderGoods

字段名	类型	是否为空	备注
Id	int	否	
OrderId	int	否	订单主表 ID
GoodsId	int	否	商品 ID
Price	money	否	商品单价
Amount	int	否	商品数量
Img	varchar	否	商品图片
Name	varchar(max)	否	商品名称

注：数据库结构的设计对软件项目的成功开发极其重要，在编码前，一定要规划完整。

（四）项目结构

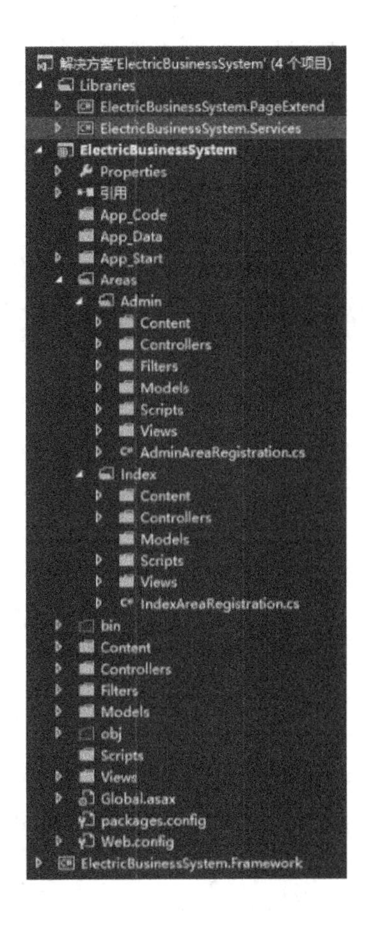

（五）技术介绍

本该项目使用 MVC4+EF 技术进行开发，符合目前企业使用的主流开发技术，下面对 MVC 和 EF 进行简单介绍。

1．MVC

MVC 即 Model View Controller，是模型（Model）－视图（View）－控制器（Controller）

的英文缩写，是一种软件设计典范，它用一种业务逻辑、数据、界面显示分离的方法组织代码，将业务逻辑聚集到一个部件中，在改进和个性化定制界面及用户交互的同时，不需要重新编写业务逻辑。MVC 被用于把映射传统的输入、处理和输出功能集中在一个逻辑的图形化用户界面的结构中。

2．ASP.NET MVC

ASP.NET MVC 是微软公司新发布的一种网站开发架构，是为了解决传统 ASP.NET 开发中不能分离 Model、View 和 Controller 问题而设计的。

普通的网站为了解决可移植、可维护、可扩展等问题，会把网站设计成三个独立的模块，Model 负责数据库部分，View 负责网页界面部分，而 Controller 负责界面与数据的交互及业务逻辑，这样设计而成的网站，如果想设计或者重新开发某一个模块，则对其他模块是没有影响的。但是 ASP.NET 页面的后台代码与每个页面代码都是一一对应的，业务逻辑在某些情况下不可避免地被写到了与 View 关联的后台代码中，这样不能保证 View 与 Controller 的分离，也很难实现网站的重写和升级。

而在 MVC 中，页面代码并不是与后台代码一一对应的，而是分别被存放为 Controller 和 View 两部分，彻底解决了 View 和 Controller 不能独立的问题，从而改善了网站的重写和升级过程。

但是 MVC 也有其缺点，由于在页面代码中不再使用服务器控件，因此给某些 ASP.NET 服务器端控件的使用带来了麻烦，MVC 也给页面的设计带来了很多障碍。

三、项目实施

任务一　使用 MVC4

任务描述

创建 MVC4 项目，项目名为 ElectricBusinessSystem。

预备知识

MVC4 目录结构和各个文件的作用如下。

（1）Properties：通过 Attribute 来设置程序集（DLL 文件）的常规信息，供用户查看或作为配置信息供程序内部使用。

（2）引用：放置项目中引用的库文件（DLL）。

（3）App_Data：放置数据库文件，codefirst 模式默认在 LocalDB 中生成的文件可在此查看。

（4）App_Start：放置配置文件代码。

App_Start
- AuthConfig.cs
- BundleConfig.cs
- FilterConfig.cs
- RouteConfig.cs
- WebApiConfig.cs

AuthConfig.cs：配置安全设置，包括网站的 OAuth 登录，可以使用户用外部提供方的证书（如 Facebook、Twitter、Microsoft 或 Google）登录，然后将源自那些提供方的一些功能集成到 Web 应用中。

BundleConfig.cs：用来对 JavaScript 和 CSS 进行压缩（多个文件可以打包成一个文件）和绑定，并且可以区分调试和非调试（debug 为 True 时为调试模式），在调试模式下不进行压缩，以原始方式显示出来，以方便查找问题。

FilterConfig.cs：注册全局 MVC 过滤器。

RouteConfig.cs：路由配置，存放 MVC 配置语句。

WebApiConfig.cs：注册 Web API 路由。

Content：放置 CSS 和除 JavaScript、图像以外的文件。

Controllers：放置控制器类。

Filters：放置过滤器代码。

Images：放置图像。

Models：放置数据描述、操纵类和业务对象类。

Scripts：放置 JavaScript。

Views：放置视图。

favicon.ico：网站标题栏 icon。

Global.asax：提供全局可用代码。

packages.config：NuGet 的基础设施，用于跟踪扩展安装包以及版本信息。

Web.config：网站的主要配置文件，包含 Web.Debug.config 和 Web.Release.config 两个版本。

任务实施

步骤 1：启动 Visual Studio 2013，选择“文件”→“新建”→“项目”选项，项目名为 ElectricBusinessSystem，如图 5-1 所示。

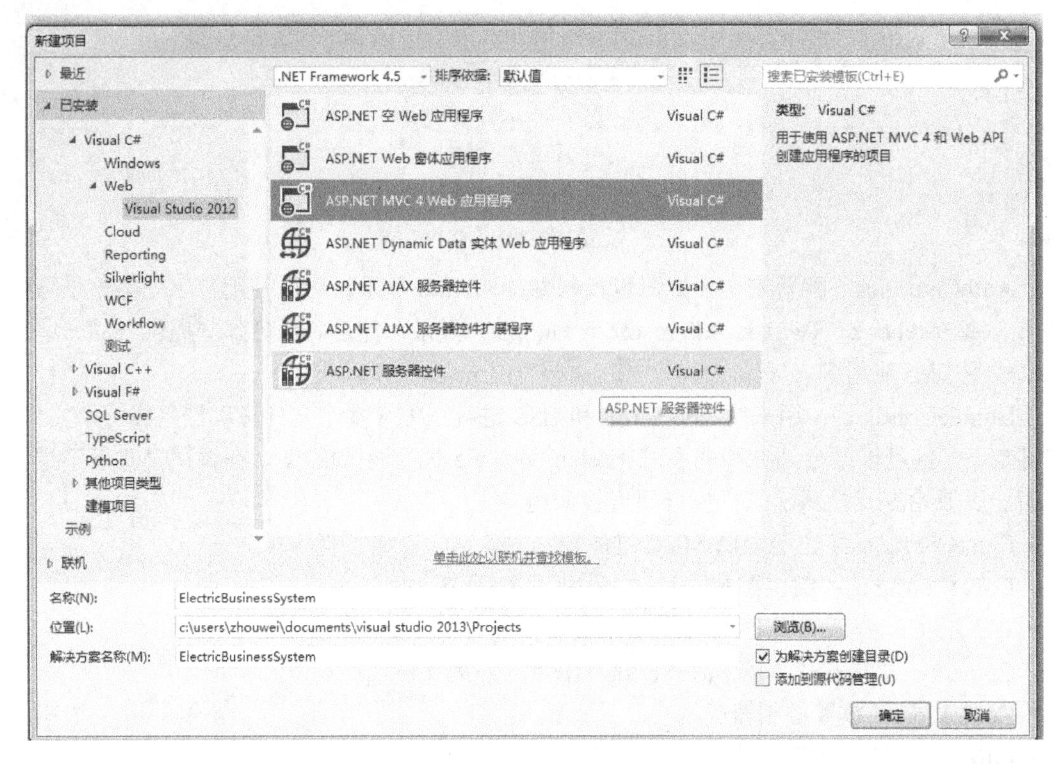

图 5-1 新建 MVC 项目

在“新 ASP.NET MVC 4 项目”对话框中，选择“基本”项目模板，使用“Razor”作为默认视图引擎，如图 5-2 所示。

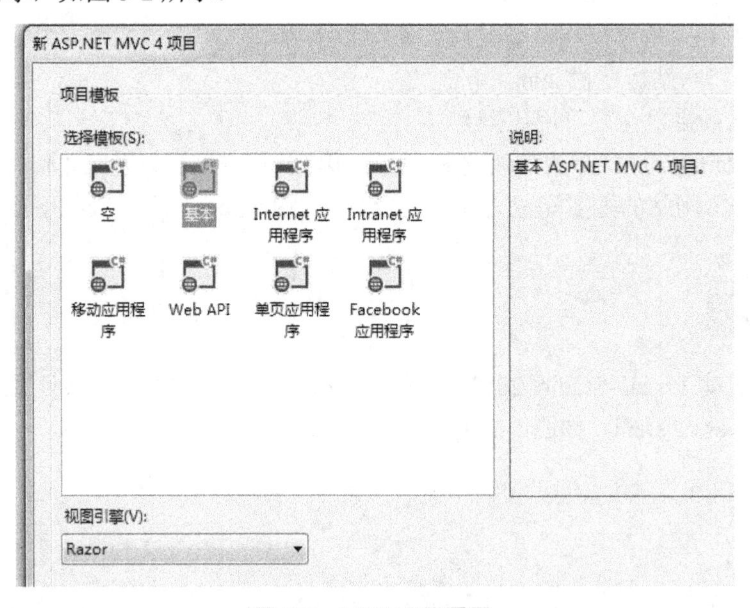

图 5-2 MVC 项目配置

按照图 5-2 进行配置，单击“确定”按钮。Visual Studio 刚刚创建的 ASP.NET MVC 项目使用了默认的模板，创建好的 MVC 项目如图 5-3 所示。

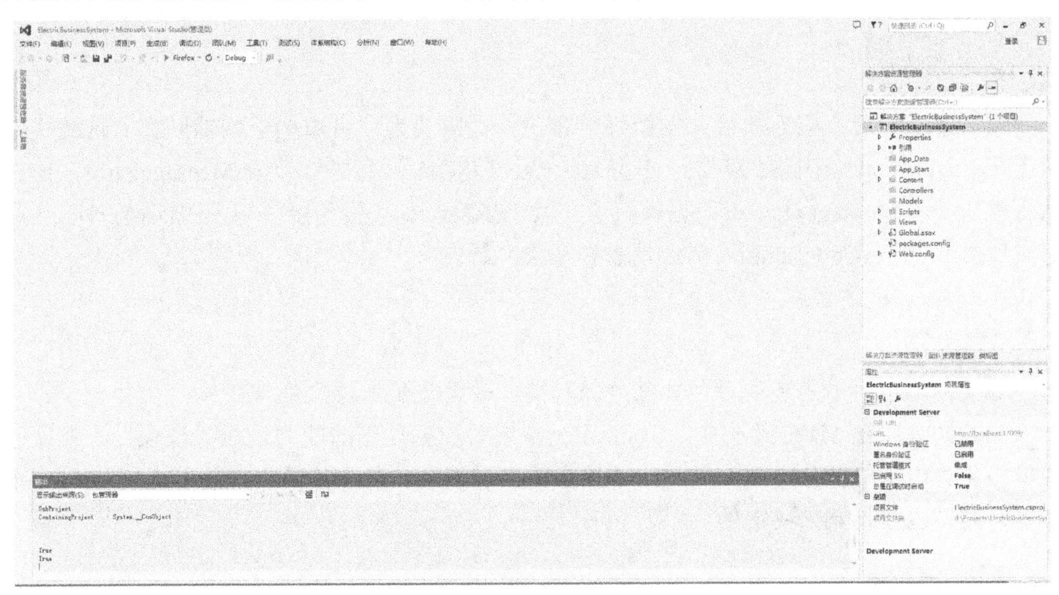

图 5-3　创建好的 MVC 项目

步骤 2：单击“调试”→“启动调试”按钮，由于创建的项目是基本的，所以没有任何页面，进入 404 界面，404 界面代表页面不存在，如图 5-4 所示。

图 5-4　MVC 项目测试界面

Visual Studio 会启动 IIS Express 并运行 Web 应用程序，Visual Studio 会自动启动浏览器并打开应用程序的主页面。浏览器的地址栏中会显示 localhost，localhost 代表本地地址。当 Visual Studio 运行一个 Web 工程时，会使用一个随机端口的 Web 服务。在上面的界面中，端口号是 17009。端口号一般是随机的。至此，已经完成了 MVC4 项目的建立，应学会如何运行及调试 MVC4 的项目。

任务二　准备工作

任务描述

项目建立好后，应为项目开发做好准备工作，需要为项目添加一些辅助类。这此类包括 UserEncryption（密码加密类）、JsonMessage（JSON 消息类）、JsonMessageError（出错消息类）、JsonMessageSuccess（正确消息类）、IEBService（服务接口），EBBaseService（服务实现类）、ErrorCodeEnum（错误消息枚举类）等。

预备知识

框架标准：用于约定项目公共部分的功能，并限定预定层次处理任务。

业务处理：在 MVC 架构中，Controller 缺乏对业务处理的能力，对大型项目不友好，这里将业务逻辑单独分出来，作为一个独立的模块使用，在业务模块中并不直接和 Models 交互，而是由控制器来决定的。

任务实施

步骤 1：创建 ElectricBusinessSystem.Framework 类库。

进行框架标准搭建：右击解决方案，选择“添加”→“新建项目”选项，如图 5-5 所示。

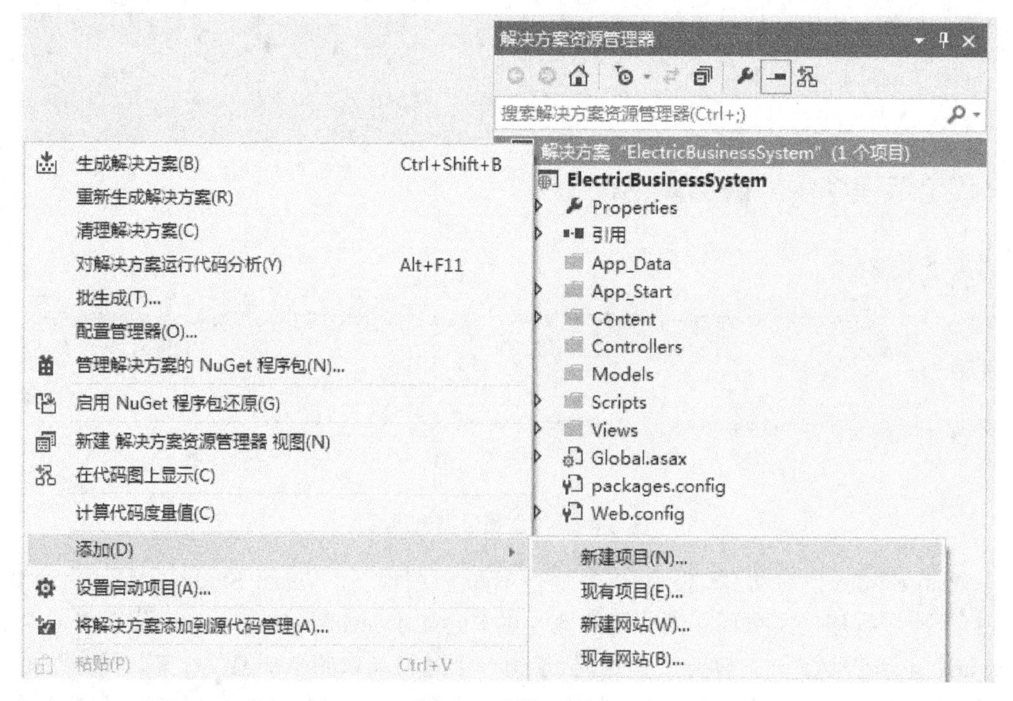

图 5-5　添加项目

弹出“添加新项目”对话框，在左侧树形列表中选择 Visual C#中的“类库”选项，将其命名为 ElectricBusinessSystem.Framework，如图 5-6 所示，最终效果如图 5-7 所示。

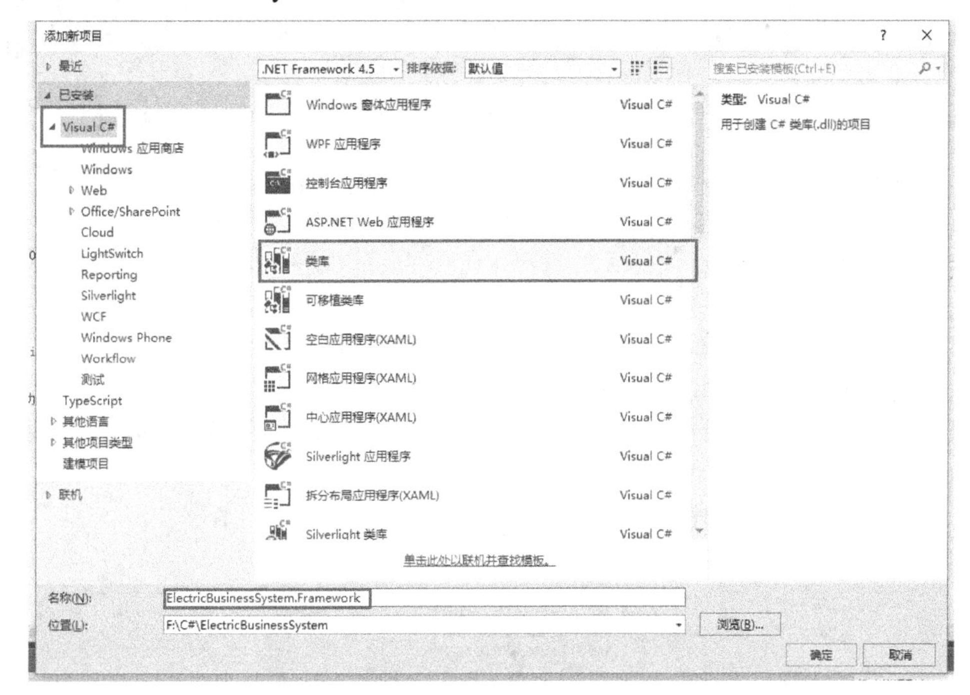

图 5-6　类库创建

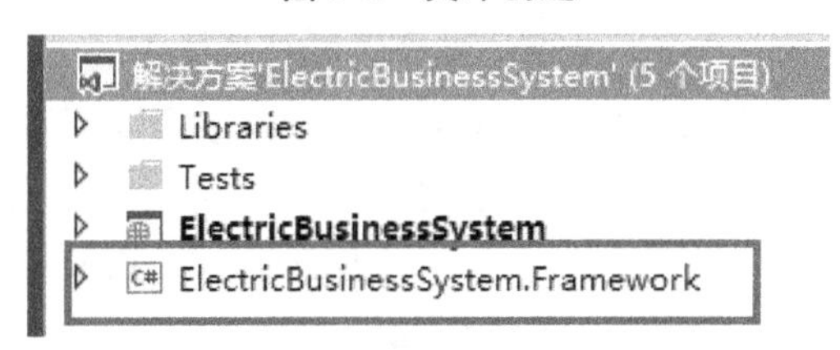

图 5-7　创建完成的类库

展开项目，删除 Class1.cs 文件，这是由开发工具 Visual Studio 默认生成的，我们开发时并不需要使用该文件。在 Framework 中为当前项目约定密码加密方式和 JSON 数据交换格式。

步骤 2：创建 UserEncryption 类。

在实际开发中，为了防止数据被泄露，需要对数据进行不对称加密，这里采用 MD5 加密方式。在 Framework 项目中新建类 UserEncryption，作为密码加密类。

新建密码加密类，使用 MD5 加密，并采取密码混合方式加密数据。

```
using System.Security.Cryptography;
namespace ElectricBusinessSystem.Framework
{
    /// 加密类
    public class UserEncryption
```

```
        {
            // 用于密码加密，使用MD5加密方式
            public static string EncryptionPwd(string salt, string password)
            {
                byte[] result = Encoding.UTF8.GetBytes(salt.ToUpper() +
password);
                MD5 md5 = new MD5CryptoServiceProvider();
                byte[] output = md5.ComputeHash(result);
                return BitConverter.ToString(output).Replace("-", "");
            }   }}
```

MD5 类创建完成后，在登录模块和用户注册管理中需要使用到。

步骤 3：创建 JsonMessage 类，作为消息类的父类。

下面为 Framework 项目添加 JSON 消息回复数据模型定义，在 Framework 项目中新建 JsonMessage 文件夹，效果如图 5-8 所示。

图 5-8　创建 JsonMessage 文件夹

在 JsonMessage 文件夹中添加类 JsonMessage，代码如下。该类主要进行封装，并实现 set 和 get 函数的应用。该类可作为返回消息格式的定义。

```
    namespace ElectricBusinessSystem.Framework.JsonMessage
    {
        public class JsonMessage
        {  /// 前台跳转地址
           public string path { get; set; }
           /// 数据
           public object data { get; set; }
            /// 成功标识
           public bool success { get; set; }
        }}
```

步骤 4：创建 JsonMessageError 类。

在 JsonMessage 中添加类 JsonMessageError 并继承自 JsonMessage，该类作为返回错误消息格式的定义。

```
    namespace ElectricBusinessSystem.Framework.JsonMessage
    {
        /// 返回JSON错误对象
```

```
        public class JsonMessageError : JsonMessage
        {
            /// 错误信息
            public string errorMessage { get; set; }
            /// 详细错误信息
            public string detailMessage { get; set; }
            /// 错误代码
            public string errorCode { get; set; }
            private JsonMessageError() { }
            public JsonMessageError(ErrorCodeEnum errorCode, string
errorMessage)
            {
                //return new JsonMessage();
                this.errorCode = errorCode.ToString();
                this.errorMessage = errorMessage;
                this.success = false;
            }
            /// 表单验证失败时返回错误消息，返回最接近的一条错误信息
            public JsonMessageError(ModelStateDictionary ModelState)
            {  var errorKeyValue = ModelState.Where(w => w.Value.Errors.Where
(h => h.ErrorMessage != null && h.ErrorMessage != "").Count() > 0).
FirstOrDefault();
                if (errorKeyValue.Key != null)
                {
                    ModelError error = errorKeyValue.Value.Errors.Where(w =>
w.ErrorMessage != null && w.ErrorMessage != "").FirstOrDefault();
                    this.errorMessage = error.ErrorMessage;
                }
                this.errorCode = ErrorCodeEnum.e1001.ToString();
                this.success = false;
            }
            public JsonMessageError(ErrorCodeEnum errorCode, string
errorMessage, string detailMessage)
            {
                //return new JsonMessage();
                this.errorCode = errorCode.ToString();
                this.errorMessage = errorMessage;
                this.detailMessage = detailMessage;
                this.success = false;
            } }}
```

步骤 5：创建 ErrorCodeEnum 枚举。

错误消息类使用 ErrorCodeEnum 枚举，在项目开发中使用枚举变量来定义错误类型，ErrorCodeEnum 用于定义错误类型代码。在 JsonMessage 中添加 ErrorCodeEnum 枚举，新建一个名为 ErrorCodeEnum.cs 的文件，输入如下代码。

```
namespace ElectricBusinessSystem.Framework.JsonMessage
{
    public enum ErrorCodeEnum
    {
        e100 = 100,
        e1001 = 1001,//表单验证失败
    }}
```

步骤 6：创建 JsonMessageSuccess 类。

在 JsonMessage 中添加类 JsonMessageSuccess 并继承自 JsonMessage，该类作为返回成功消息格式定义，输入如下代码。

```
namespace ElectricBusinessSystem.Framework.JsonMessage
{
        /// 返回JSON成功对象
    public class JsonMessageSuccess : JsonMessage
    {
        private JsonMessageSuccess() { }
        /// 成功返回
        public JsonMessageSuccess(object data)
        {
            this.data = data;
            this.success = true;
        }
            /// 成功返回
         public JsonMessageSuccess(object data, string url)
        {
            this.data = data;
            this.path = url;
            this.success = true;
        } }}
```

步骤 7：创建 IEBService 接口及其实现类 EBBaseService。

在 Framework 项目中添加 Service 文件夹，用于约定 Service 功能，在 Service 中添加接口。

```
namespace ElectricBusinessSystem.Framework.Service
{
    public interface IEBService<T>
    {
```

```
        //数据上下文
        T Db { get; set; }
    }}
```

在 Service 中继续添加实现接口的代码。

```
namespace ElectricBusinessSystem.Framework.Service
{
    public class EBBaseService<T> : IEBService<T>
    {
        private EBBaseService() { }
        protected T db;
        public EBBaseService(T t)
        {
            db = t; }
        T IEBService<T>.Db
        {
            get
            {return db; }
            set
            {db = value; }
        }}}
```

在新建的 ElectricBusinessSystem 项目中添加引用，在 ElectricBusinessSystem 中右击，选择“引用”→“解决方案”选项，再选择“ElectricBusinessSystem.Framework”选项。

步骤 8：创建后台管理区域。

在开始实现具体项目逻辑前需要将项目框架搭建好。项目分为后台和前台两部分。这里使用 Areas（区域）来实现。每个 Areas 代表应用程序的不同功能模块，每个模块有自己的文件夹，文件夹中有自己的 Controller、View 和 Model。

右击项目，选择“添加”→“区域”选项，如图 5-9 所示。

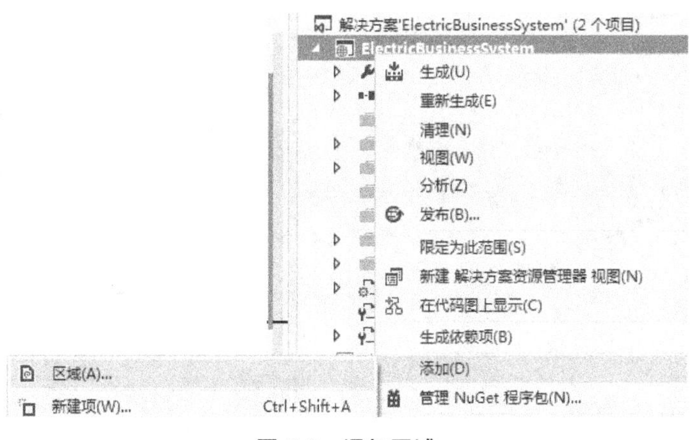

图 5-9　添加区域

填写区域名称“Admin”，完成后台区域的创建，如图 5-10 所示。

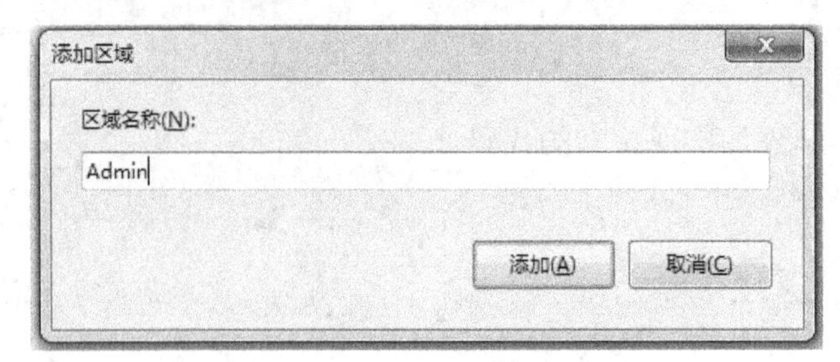

图 5-10　完成后台区域的创建

单击“添加”按钮，项目结构如图 5-11 所示。

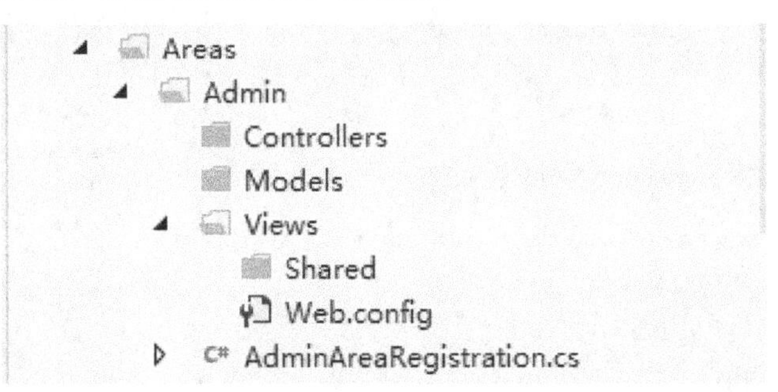

图 5-11　项目结构

AdminAreaRegistration.cs ：由系统自动生成，其中定义了 Admin 区域的默认路由。

在默认路由配置中修改路由控制器的命名空间，防止出现 Controller 的歧义问题，可按照以下代码进行修改：

```
namespace ElectricBusinessSystem.Areas.Admin
{
    public class AdminAreaRegistration : AreaRegistration
    {
        public override string AreaName
        {
            get
            {
                return "Admin";    } }
        public override void RegisterArea(AreaRegistrationContext
context)
        {
            context.MapRoute(
                "Admin_default",
                "Admin/{controller}/{action}/{id}",
                new {controller = "Home", action = "Index", id =
```

```
UrlParameter.Optional },
                    new string[] { "ElectricBusinessSystem.Areas.Admin.
Controllers" }
                );  }}}
```

同时，还需修改默认路由中默认加载的控制器，修改 App_Start→RouteConfig.cs 类，为默认路由配置项加上命名空间参数 namespaces。

RouteConfig.cs 类用于配置路由，代码如下。

```
    namespace ElectricBusinessSystem
    {
        public class RouteConfig
        {
            public static void RegisterRoutes(RouteCollection routes)
            {
                routes.IgnoreRoute("{resource}.axd/{*pathInfo}");
                routes.MapRoute(
                    name: "Default",
                    url: "{controller}/{action}/{id}",
                    defaults: new { controller = "Home", action = "Index", id
= UrlParameter.Optional },
                    namespaces: new string[]
{ "ElectricBusinessSystem.Areas.Admin.Controllers" }
    //默认加载区分不同的Controller
                );  } }}
```

步骤 9：创建后台管理视图。

为 Admin 区域建立布局页面，在 Areas/Admin/Views 中添加一个视图，右击 Views 文件夹，选择“添加”→“MVC 4 视图页（Razor）”选项，并命名为_ViewStart，如图 5-12 和图 5-13 所示。

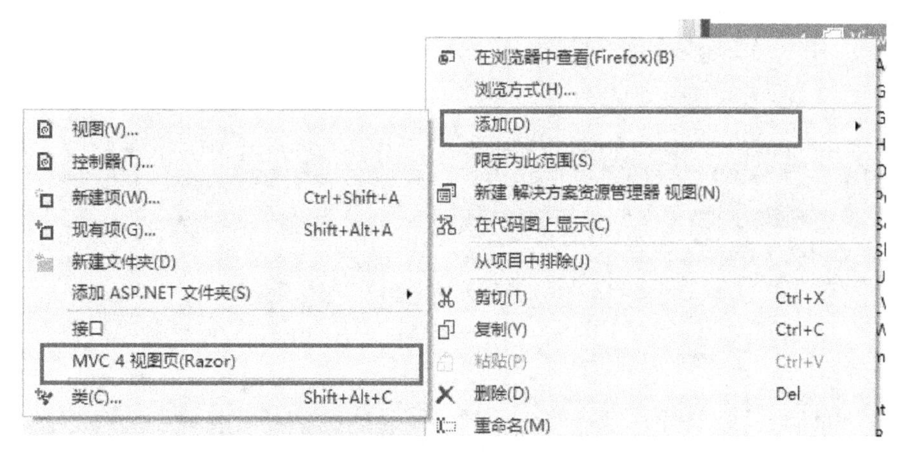

图 5-12　添加 MVC4 视图页

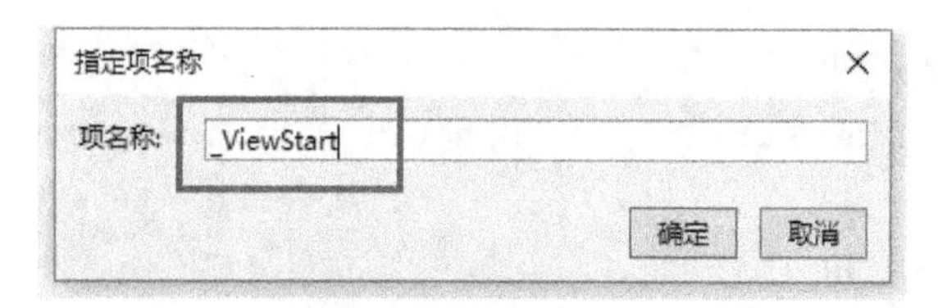

图 5-13　指定项名称

在 ASP.NET MVC4 中，访问视图时，都会先访问此文件，此文件一般用于声明_Layout.cshtml 布局页所在的位置。

代码如下。

```
@{
    Layout = "~/Areas/Admin/Views/Shared/_Layout.cshtml";
}
```

在/Areas/Admin/Views/Shared/中添加视图_Layout.cshtml，添加方法同上，将其作为布局页面。

```
<!DOCTYPE html>
<html>
<head>
    <meta charset="utf-8" />
    <meta name="viewport" content="width=device-width" />
    <title>@ViewBag.Title</title>
    @Styles.Render(
            "~/Content/css/bootstrap",
            "~/Content/css/validform",
            "~/Admin/css")
    @Scripts.Render(
        "~/Content/js/jquery",
        "~/Content/js/bootstrap",
        "~/Content/js/layer",
        "~/Content/js/validform",
        "~/Content/js/jquery.select.linkage",
        "~/Content/js/laydate",
        "~/Admin/js")
    <script type="text/javascript">
        $(function () {
            laydate.skin('molv');  //加载时间插件皮肤
        })
    </script>
    @RenderSection("style", required: false)
</head>
```

```
<body>
    @RenderBody()
    @RenderSection("scripts", required: false)
</body>
</html>
```

使用相同的方法建立 Index 区域。注意，在建立 Index 区域时，默认路由需要根据实际情况进行修改。

可以使用捆绑(Bundle)来管理界面资源文件(CSS,JavaScript)，ASP.NET 中捆绑和缩小的技术可以减少对服务器的请求。

打开 App_Start 中的 BundleConfig.cs 文件，默认代码如下。

```
namespace ElectricBusinessSystem
{
    public class BundleConfig
    {
        // 有关 Bundling 的详细信息，请访问
http://go.microsoft.com/fwlink/?LinkId=254725
        public static void RegisterBundles(BundleCollection bundles)
        {
            bundles.Add(new ScriptBundle("~/bundles/jquery").Include(
                        "~/Scripts/jquery-{version}.js"));
            bundles.Add(new ScriptBundle("~/bundles/jqueryui").Include(
                        "~/Scripts/jquery-ui-{version}.js"));
            bundles.Add(new ScriptBundle("~/bundles/jqueryval").Include(
                        "~/Scripts/jquery.unobtrusive*",
                        "~/Scripts/jquery.validate*"));
            // 使用要用于开发和学习的 Modernizr 的开发版本
            // 当做好准备时，可使用 http://modernizr.com 上的生成工具来选择所需
的测试
            bundles.Add(new ScriptBundle("~/bundles/modernizr").Include(
                        "~/Scripts/modernizr-*"));
            bundles.Add(new StyleBundle("~/Content/css").Include("~/
Content/site.css"));
            bundles.Add(new StyleBundle("~/Content/themes/base/css").
Include(
                        "~/Content/themes/base/jquery.ui.core.css",
                        "~/Content/themes/base/jquery.ui.resizable.css",
                        "~/Content/themes/base/jquery.ui.selectable.css",
                        "~/Content/themes/base/jquery.ui.accordion.css",
                        "~/Content/themes/base/jquery.ui.autocomplete.css",
```

```
                        "~/Content/themes/base/jquery.ui.button.css",
                        "~/Content/themes/base/jquery.ui.dialog.css",
                        "~/Content/themes/base/jquery.ui.slider.css",
                        "~/Content/themes/base/jquery.ui.tabs.css",
                        "~/Content/themes/base/jquery.ui.datepicker.css",
                        "~/Content/themes/base/jquery.ui.progressbar.css",
                        "~/Content/themes/base/jquery.ui.theme.css"));
        } }}
```

此时，可看到语句：

```
    bundles.Add(new ScriptBundle("~/bundles/jquery").Include("~/Scripts/
jquery-{version}.js"));
```

bundles.Add()主要用于将资源文件添加到 BundleTable 中。

其中，主要有 ScriptBundle 和 StyleBundle 类，StyleBundle 类用于添加 CSS 资源，ScriptBundle 类用于添加 Java Script 资源。其中，“~/bundles/jquery”为自定义虚拟路径，“~/Scripts/jquery-{version}.js”为文件相对路径。使用 Include()可与虚拟路径进行绑定。

绑定后在页面中即可使用如下语句加载资源文件。

```
    @Styles.Render("~/bundles/jquery")
```

为项目引入 CSS、js 资源并在布局页面中使用资源，参考默认代码并为页面框架实现资源绑定，在布局文件中使用如下代码。

```
    <!DOCTYPE html>
    <html>
    <head>
       <meta charset="utf-8" />
       <meta name="viewport" content="width=device-width" />
       <title>@ViewBag.Title</title>
       @Styles.Render(
             "~/Content/css/bootstrap",
             "~/Content/css/validform",
             "~/Admin/css")
       @Scripts.Render(
          "~/Content/js/jquery",
          "~/Content/js/bootstrap",
          "~/Content/js/layer",
          "~/Content/js/validform",
          "~/Content/js/jquery.select.linkage",
          "~/Content/js/laydate",
          "~/Admin/js")
       <script type="text/javascript">
          $(function () {
```

```
            laydate.skin('molv');  //加载时间插件皮肤
        })
    </script>
    @RenderSection("style", required: false)
</head>
<body>
    @RenderBody()
    @RenderSection("scripts", required: false)
</body>
</html>
```

任务三　建立模型

任务描述

使用 Entity Framework Code First 模式，为项目生成实体模型。

预备知识

使用 Code First 模式时先编写业务逻辑部分的代码，再通过 Code First 默认的习惯和配置把它们映射到数据库中。这种方式不同于传统的业务逻辑改变，传统的业务逻辑需要先改变数据库，再改变逻辑和实体的代码，造成了软件的复杂性增加。为此，Visual Studio 提供了新的代码生成功能，支持自动通过已经建好的数据库生成 Model，使开发者能够方便地对数据库进行操作。

任务实施

步骤 1：安装 Entity Framework。

选择“工具”→“扩展和更新”选项，如图 5-14 所示。

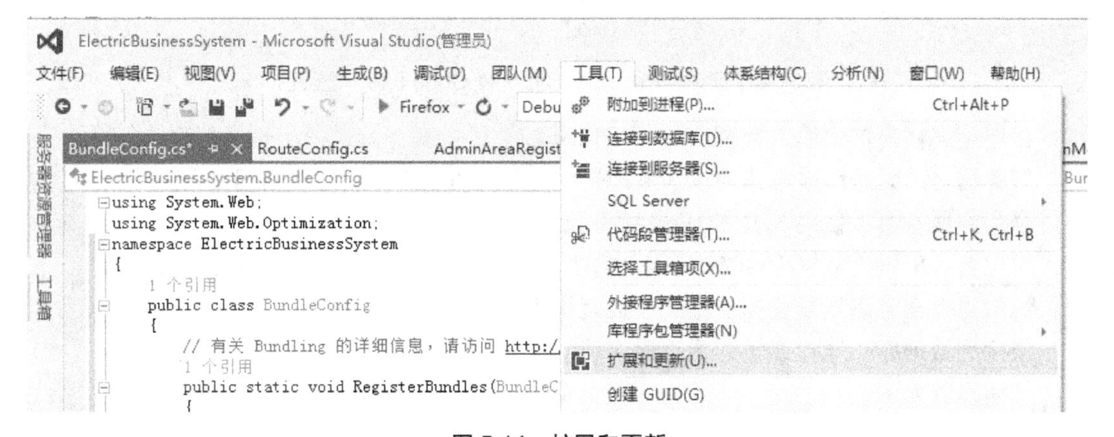

图 5-14　扩展和更新

弹出“扩展和更新”对话框，如图 5-15 所示。

选择“联机”选项，在右上角搜索栏中输入“Entity Framework Power Tools”，搜索到后安装此工具，如图 5-15 所示。

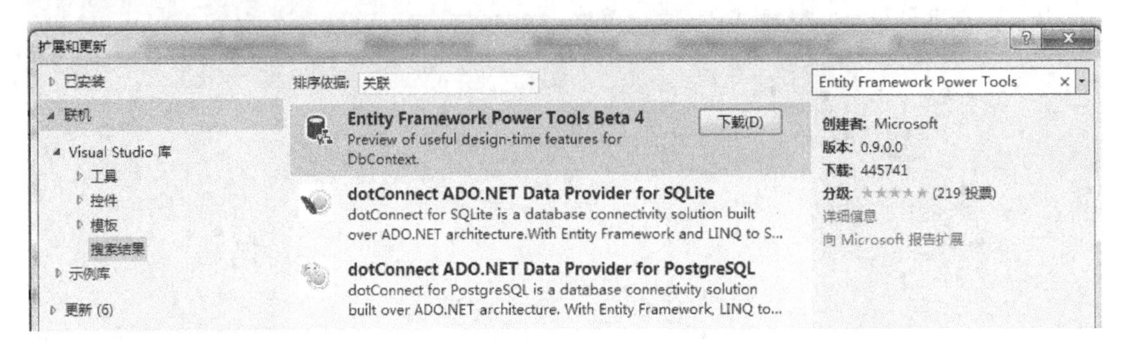

图 5-15 “扩展和更新”对话框

安装完成后，重新启动 Visual Studio。

步骤 2：创建实体模型。

右击项目，选择“Entity Framework”→“Reverse Engineer Code First”选项，如图 5-16 所示。

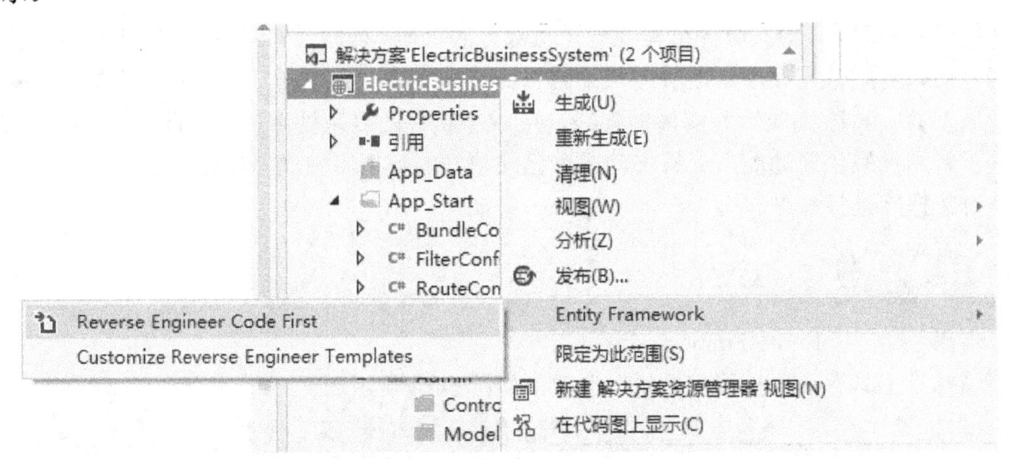

图 5-16 选择“Reverse Engineer Code First”选项

在连接属性窗体中填入数据库的相关信息。

服务器名：数据库服务器地址（本地数据库填写 localhost，远程服务器填写 IP 地址）。

登录到服务器：使用 SQL Server 身份验证方式。

用户名和密码为数据库 SQL Server 的账户信息，填写相应的账户信息即可。

选中“保存密码”复选框，不选中此复选框会出错。

连接到数据库：选择或输入数据库名称。

具体设置如图 5-17 所示。

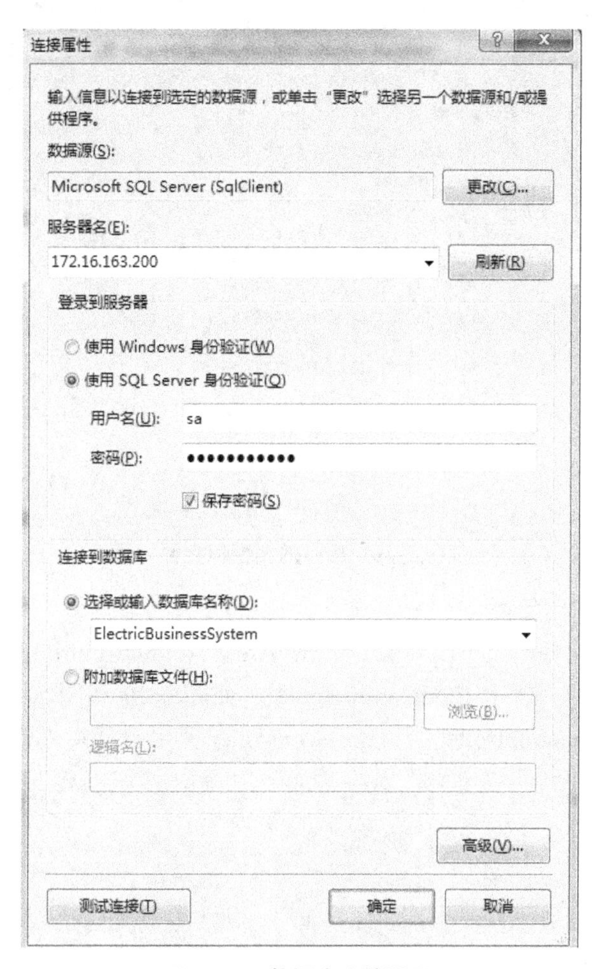

图 5-17　数据库连接配置

单击“测试连接”按钮，弹出如图 5-18 所示的提示对话框，说明数据库的信息填写正确。

图 5-18　测试连接成功

单击连接属性窗体中的“确定”按钮，Entity Framework Power Tools 会自动完成 Model 的建立，在 Models 文件夹中会生成相关的文件，如图 5-19 所示。

Mapping：Entity Framework Code First 与数据库的映射(修改此代码后数据库将变动)。

ElectricBusinessSystemContext.cs：模型上下文类。

图 5-19　相应的模型和文件

步骤 3：创建控制器父类。

在控制器中实例化模型上下文对象，右击 Areas/Admin/Controllers 文件夹，选择“添加”→“控制器”选项，新建 BaseController 类，如图 5-20 和图 5-21 所示。之后创建的 Controller 都继承自 BaseController 类。BaseController 类用于公共 Action 定义。

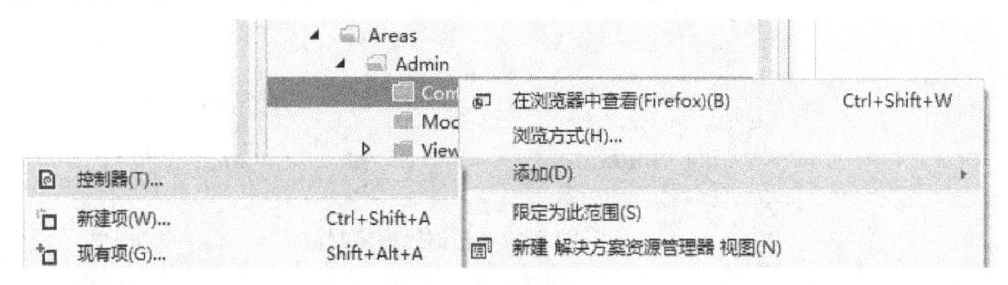

图 5-20　添加控制器

图 5-21　控制器的相关配置

在 BaseController 控制器中输入如下代码：

```
    public ElectricBusinessSystemContext db = new
ElectricBusinessSystemContext();
```

任务四　实现用户登录功能

任务描述

实现用户登录功能。

预备知识

前面的任务介绍了 Controller、View 和 Model。View 用来展示数据使用，通过 Model 来设置提交表单验证规则，用 ModelState 来处理用户信息，使用过滤器实现身份验证。

任务实施

步骤 1：创建用户登录控制器。

在 Areas/Admin/Controllers 文件夹中新建 PublicController 控制器，继承自 BaseController 控制器，并编写以下代码。

```
namespace ElectricBusinessSystem.Areas.Admin.Controllers
{
    public class PublicController : BaseController
    {
         // GET: /Admin/Public/login
        // 登录页
        [AllowAnonymous]
        public ActionResult Login()
        {
            return View();}
        // 登录操作
        [HttpPost]
        [AllowAnonymous]
        [ValidateAntiForgeryToken]
        public ActionResult Login(LoginModel user)
        {
            ActionResult result = null;
            try
            {
                if (ModelState.IsValid)
                {
```

```
                    var list = db.TAdmins.Where(w => w.Phone ==
user.UserName || w.Name == user.UserName);
                    var queryAll = list.GetEnumerator();
                    TAdmin admin = null;
                    bool isLogin = false;
                    while (queryAll.MoveNext())
                    {
                       admin = queryAll.Current;
                       if (admin.Password == UserEncryption.EncryptionPwd
(admin.Phone.Substring(0, 6), user.Password))
                       {   if (isLogin)
                          {
                             isLogin = !isLogin;
                             break; }
                          isLogin = true;
                       } }
                    if (isLogin)
                    {  //登录
                       Session.Add("USER_TOKEN", new UserSessionModel()
{ Name = admin.Name, Phone = admin.Phone, Roles = admin.Role });
                       Response.Redirect(Url.Action("index", "Home"));
                       result = null;  }
                    else   {
                       ModelState.AddModelError("UserName", "用户名或密码错
误");

                       result = View(user);
                       //登录失败，用户名或密码错误
                    }}
                 else
                 {
                    result = View(user);
                 }   }
              catch (Exception)
              {
                 ModelState.AddModelError("UserName", "登录失败！");
                 result = View(user);  }
                 return result; }
           //退出登录
           public ActionResult LogOn()
           {  Session.Remove("USER_TOKEN");
              return Json(new JsonMessageSuccess("OK"), JsonRequestBehavior.
```

```
AllowGet);
                } }}
```

页面以 Get 方式提交时默认不用写，具体可添加[HttpPost]特性，标识提交的方式只能是 POST。使用[ValidateAntiForgeryToken]特性可防止 CSRF(跨站请求伪造)攻击。

使用[AllowAnonymous]特性时将不经过拦截器，这里将跳过用户身份确认，即使将 Action 设置为未登录也可访问网站。

登录操作中 ModelState.IsValid 用于判断 Model 验证是否通过，通过则返回 True，否则返回 False。登录信息正确后，可以使用 Session.Add()方法将用户信息存储到 session 中。登录失败会返回登录失败信息。

步骤 2：创建用户登录视图。

新建 Login 视图(View)，右击 BaseController 控制器，选择“添加视图”选项，如图 5-22 所示。

图 5-22 添加视图

填写视图名称，如图 5-23 所示，视图引擎选择 Razor(CSHTML)，选中使用的布局或母版页，内容留空，因为在 ElectricBusinessSystem/Areas/Admin/Views/_ViewStart.cshtml 中默认已配置了布局页地址，布局文件为 ElectricBusinessSystem/Areas/Admin/Views/Shared/_Layout.cshtml。

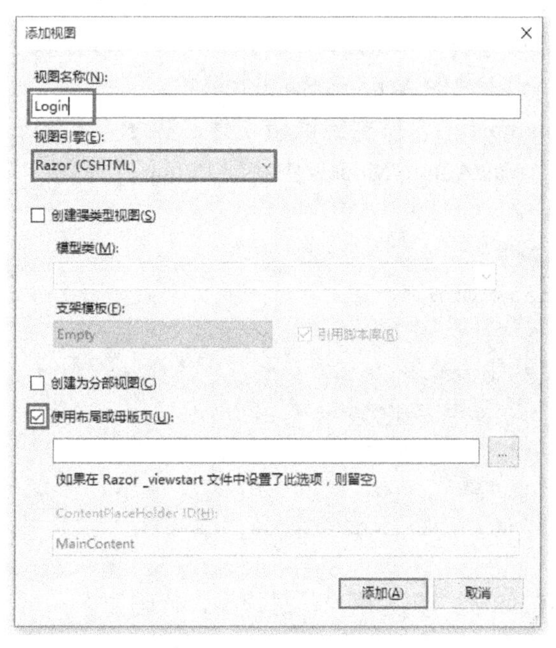

图 5-23　添加视图详细配置

编写如下代码：

```
@{
    ViewBag.Title = "登录";
}
<div class="login-main">
    <div class="login pick">
        <form action="@Url.Action("login")" method="post"
class="operateform">
            @Html.AntiForgeryToken()
            <h1 class="text-center"><strong>登录后台管理系统</strong></h1>
            <div class="form-row"><input type="text" name="UserName"
class="form-control input-lg" placeholder="用户名" datatype="*" value="13877257934">
</div>
            <div class="form-row"><input type="password" name="Password"
class="form-control input-lg" placeholder="密码" datatype="*" value="123456">
</div>
            @Html.ValidationSummary()
            <div class="form-row"><button class="btn btn-primary btn-
block btn-lg" type="submit">登录</button></div>
        </form>
    </div>
    <div class="info text-center">@*技术支持：*@</div></div>
```

其中，@Html.AntiForgeryToken()为防止 CSRF(跨站请求伪造)攻击表单，使用[ValidateAntiForgeryToken]特性的 Action 来添加此表单。

@Html.ValidationSummary()为模型验证错误信息提示，添加表单验证规则模型，在 ElectricBusinessSystem/Areas/Admin/Models 中新建 Public 文件夹，并新建类 LoginModel。

代码如下。

```
// 登录验证模型
public class LoginModel
{
    [Required(ErrorMessage = "用户名不能为空！")]
    public string UserName { get; set; }
    [Required(ErrorMessage = "密码不能为空！")]
    [DataType(DataType.Password)]
    public string Password { get; set; }
}
```

新建 UserSessionModel 类，作为用户信息模型，代码如下。

```
namespace ElectricBusinessSystem.Areas.Admin.Models.Public
```

```
    {
        public class UserSessionModel
        {
            public string Name { get; set; }
            public string Phone { get; set; }
            public string Roles { get; set; }
        }
    }
```

规则：Required 为验证失败时的提示信息， DataType 用于声明 DataType.Password 为密码。

步骤 3：创建后台权限过滤器。

过滤器是向 Controller 或者 Action 中注入的逻辑。MVC4 中总共有 4 种基本的过滤器，如表 5-1 所示。

表 5-1　MVC4 中的过滤器

分类	接口	默认实现	说明
Authorization	IAuthorizationFilter	AuthorizeAttribute	在 Action 方法之前和其类型的 Filter 之前运行
Action	IActionFilter	ActionFilterAttribute	在 Action 方法之前运行
Result	IResultFilter	ActionFilterAttribute	在处理 ActionResult 之前或之后运行
Exception	IExceptionFilter	HandleErrorAttribute	在 Action 方法、ActionResult 和其他种类 Filter 抛出异常时运行

在 Admin 区域中新建 Filters 文件夹，如图 5-24 所示。

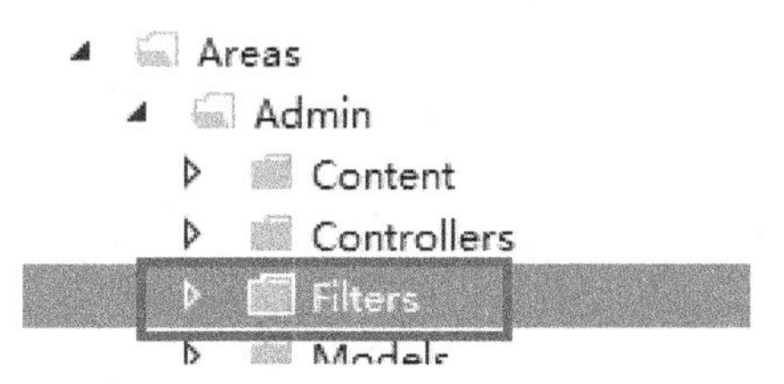

图 5-24　新建 Filters 文件夹

新建 AdminAuthorizeAttribute 类并继承自 AuthorizeAttribute 类，在加载其他过滤器前判断用户身份。注意：类名必须以 Attribute 结尾。

```
namespace ElectricBusinessSystem.Areas.Admin.Filters
{
    // 后台权限认证拦截器
     public class AdminAuthorizeAttribute : AuthorizeAttribute
    {
        protected override bool AuthorizeCore(HttpContextBase
```

```
httpContext)
            {
                //权限逻辑
                //Roles
                var userToken = httpContext.Session["USER_TOKEN"];
                if (userToken == null)
                {   return false; }
                return true; }
            protected override void
HandleUnauthorizedRequest(AuthorizationContext filterContext)
            {
                base.HandleUnauthorizedRequest(filterContext);
                //暂时跳转登录，应修改为错误页，即只有一个入口
                filterContext.Result = new
RedirectResult("/Admin/Public/Login");
            }   }  }
```

AuthorizeCore(HttpContextBase)：验证逻辑，返回 True 表示验证通过，返回 False 表示不继续执行程序并执行 HandleUnauthorizedRequest(AuthorizationContext filterContext)方法。

HandleUnauthorizedRequest(AuthorizationContext filterContext)：验证失败时处理逻辑使用过滤器打开 BaseController 类，为 BaseController 控制器添加过滤器。

其语法特点是以 Attribute 结尾，默认可以省略 Attribute，只写 AdminAuthorize 即可。所有继承 BaseController 的类都将经过 AdminAuthorize 过滤器，如图 5-25 所示。

```
namespace ElectricBusinessSystem.Areas.Admin.Controllers
{
    /// <summary>
    /// 父控制器
    /// 用于定义通用Action
    /// </summary>
    [AdminFilter]
    [AdminAuthorize]
    9 个引用
    public class BaseController : Controller
    {
        /// <summary>
        /// 数据库上下文
        /// </summary>
        public ElectricBusinessSystemContext db = new ElectricBusinessSystemContext();
```

图 5-25　AdminAuthorize 过滤器

运行项目，在浏览器中输入地址并查看项目运行效果，如图 5-26 所示，输入正确的用户名和密码后即可登录。

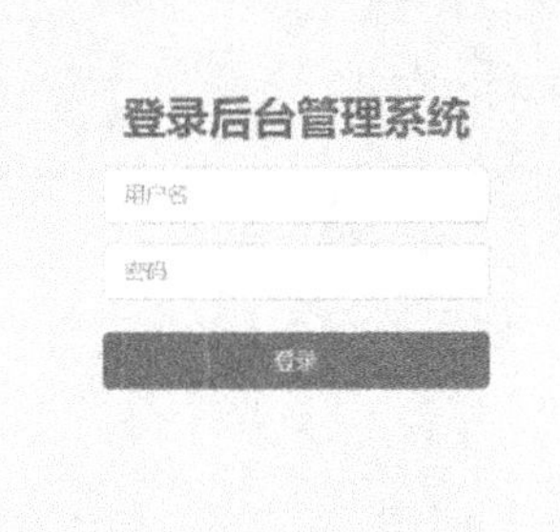

图 5-26　后台登录

任务五　实现后台用户管理

任务描述

实现用户的添加、修改、删除及查询功能。

任务实施

步骤 1：创建后台管理主页面控制器。

新建后台管理主页面，新建控制器 HomeController 类，继承自 BaseController 类，并添加 Index 和 Main 两个 Action。

```
namespace ElectricBusinessSystem.Areas.Admin.Controllers
{
    public class HomeController : BaseController
    {
      // GET: /Admin/Home/
      public ActionResult Index()
        {  return View();     }
       // GET: /Admin/Main/
        public ActionResult Main()
        {  return View();  }
     }
}
```

步骤 2：创建后台管理主页面视图。

在 Action 上分别使用右键快捷方式添加两个视图——Index 视图和 Main 视图。

Index 视图是项目视图页面的主体框架，其代码如下。

```
@{
    ViewBag.Title = "网上商城后台管理系统";
}
```

```
@section scripts{
<script type="text/javascript">
    //设置body样式
    $("body").css({
        "overflow": "hidden",
        "overflow-x": "auto"
    });
    $(function () {
        laydate.skin('molv');  //加载时间插件皮肤
        $("#exit").on("click", function() {
            layer.confirm('确定退出吗？', {
                  btn: ['是的','等等'] //按钮
                }, function(){
                   //确定退出
                   $.get("@Url.Action("LogOn","Public")", {}, function
(data) {
                       if (data.success == true) {
                        location.href = "@Url.Action("login", "public")";
                       }
                   });
                }, function(){
            });
        });
    })
</script>
    }
@*<body style="overflow: hidden; overflow-x: auto;">*@
    <div class="main">
        <!-- 头-->
        <div class="main-top pick">
            <div class="pull-left">
                <div class="mleft10 logo">后台管理系统</div>
            </div>
            <div class="pull-right">
                <div class="exit"><a id="exit" href="javascript:;">退出
</a></div>
            </div> </div>
        <!-- 内容部分-->
```

```
            <div class="main-center">
                <!--导航-->
                <div class="left">
                    <div class="menu">
                        <dl>
                            <dt>
                             <a href="@Url.Action("main")" target="myiframe">
                                    <span class="glyphicon glyphicon-file
mright5" aria-hidden="true"></span>首页
                                </a>
                            </dt>
                            <dt>
                                <a href="javascript:;">
                                    <span class="glyphicon glyphicon-file
mright5" aria-hidden="true"></span>后台用户管理
                                </a>
                                <div class="arrow"><span class="glyphicon
glyphicon-menu-right fsize9" aria-hidden="true"> </span></div>
                            </dt>
                            <dd>
                                <div><a href="@Url.Action("list", "admins")"
target="myiframe"><span class="glyphicon glyphicon-minus mright5"
aria-hidden="true"></span>管理员列表</a></div>
                                <div><a href="@Url.Action("add", "admins")"
target="myiframe"><span class="glyphicon glyphicon-minus mright5"
aria-hidden="true"></span>添加管理员</a></div>
                            </dd>
                            <dt>
                                <a href="@Url.Action("list", "user")" target=
"myiframe">
                                    <span class="glyphicon glyphicon-file
mright5" aria-hidden="true"></span>前台用户管理
                                </a>
                            </dt>
                            <dt>
                                <a href="javascript:;">
                                    <span class="glyphicon glyphicon-file
mright5" aria-hidden="true"></span>商品分类管理
                                </a>
                                <div class="arrow"><span class="glyphicon
```

```
glyphicon-menu-right fsize9" aria-hidden="true"> </span></div>
                        </dt>
                        <dd>
                            <div><a href="@Url.Action("list",
"goodsClass")" target="myiframe"><span class="glyphicon glyphicon-minus
mright5" aria-hidden="true"></span>分类列表</a></div>
                            <div><a href="@Url.Action("add", "goodsClass")"
target="myiframe"><span class="glyphicon glyphicon-minus mright5"
aria-hidden="true"></span>添加分类</a></div>
                        </dd>
                        <dt>
                            <a href="javascript:;">
                                <span class="glyphicon glyphicon-file
mright5" aria-hidden="true"></span>商品管理
                            </a>
                            <div class="arrow"><span class="glyphicon
glyphicon-menu-right fsize9" aria-hidden="true"> </span></div>
                        </dt>
                        <dd>
                            <div><a href="@Url.Action("list", "goods")"
target="myiframe"><span class="glyphicon glyphicon-minus mright5"
aria-hidden="true"></span>商品列表</a></div>
                            <div><a href="@Url.Action("add", "goods")"
target="myiframe"><span class="glyphicon glyphicon-minus mright5" aria-hidden
="true"></span>添加商品</a></div>
                        </dd>
                        <dt>
                            <a href="@Url.Action("list", "order")" target=
"myiframe">
                                <span class="glyphicon glyphicon-file
mright5"aria-hidden="true"></span>订单管理
                            </a>
                        </dt>
                        @*<dt>
                            <a href="../feedback/list.html"
target="myiframe">
                                <span class="glyphicon glyphicon-file
mright5" aria-hidden="true"></span>客户反馈管理
                            </a>
                        </dt>*@
```

```
                    <dt>
                        <a href="@Url.Action("index", "setting")"
target="myiframe">
                            <span class="glyphicon glyphicon-file
mright5" aria-hidden="true"></span>系统设置
                        </a>
                    </dt>
                </dl>
            </div>
        </div>
        <!--内容-->
        <div class="right">
            <iframe name="myiframe" frameborder="0" scrolling="yes"
width="100%" height="100%" src="@Url.Action("main")"></iframe>
        </div>
    </div>
    <!--底-->
    <div class="main-bottom">
        <strong>技术支持：lzyzx</strong>
        <a href="#" target="_blank" title="网上商城系统">网上商城系统</a>
        <a href="#" target="_blank" title="网上商城系统">网上商城系统</a>
        <strong>联系电话：</strong>
        <a target="_blank" href="#">0000-0000000</a>
    </div>
</div>
```

Main 视图为默认的主页面，其代码如下。

```
@{
    ViewBag.Title = "后台首页";
}
<!--操作栏-->
<div class="dividing-line-bottom operation pick fsize16 address">
    <span class="glyphicon glyphicon-map-marker mright5" aria-hidden=
"true"></span>
    <span>首页</span>
    <span class="mleft5 mright5">></span>
    <span>后台首页</span>
</div>
<div class="my-main">
    <div class="block">
        <div class="title">用户信息</div>
```

```
            <div class="info">
                <ul>
                    <li>用户名</li>
                    <li>admin</li>
                </ul>
                <ul>
                    <li>上次登录时间</li>
                    <li>2015-10-10</li>
                </ul>
            </div>
        </div>
        <div class="block">
            <div class="title">系统版本</div>
            <div class="info">
                <ul>
                    <li>用户名</li>
                    <li>admin</li>
                </ul>
                <ul>
                    <li>上次登录时间</li>
                    <li>2015-10-10</li>
                </ul>
            </div>
        </div>
    </div>
```

后台管理主页面的效果如图 5-27 所示。

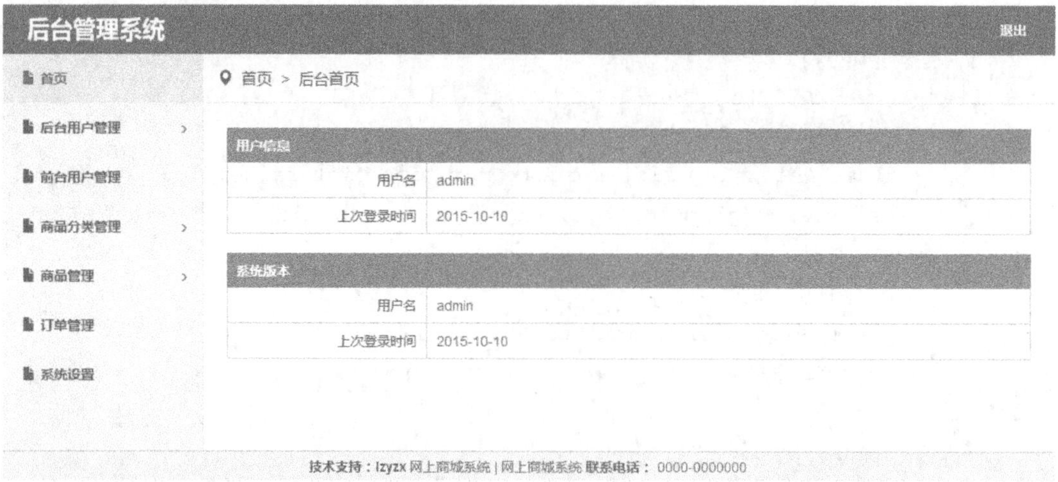

图 5-27　后台管理主页面

步骤 3：实现分页功能。

在实际的项目中，由于数据量大，要方便地对数据进行管理，必须使用分页功能。此项目使用扩展插件的形式实现分页功能，这样是为了更好地发挥项目的扩展性。在解决方案中新建文件夹，命名为 Libraries，作为以后扩展插件的存放位置，如图 5-28 所示。

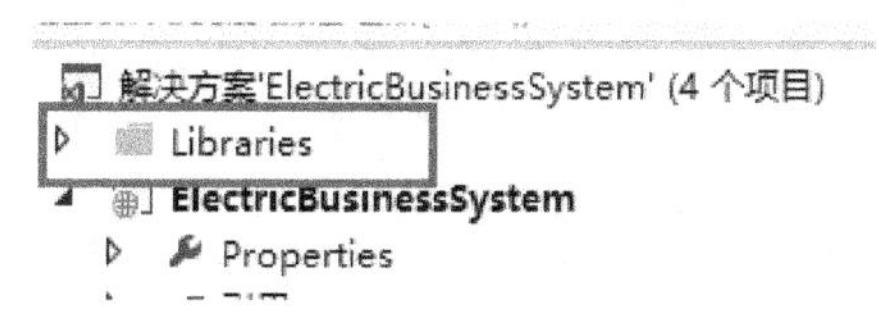

图 5-28　Libraries 文件夹

在 Libraries 文件夹中添加 ElectricBusinessSystem.PageExtend 项目，右击该项目，选择“添加”→“新建项目”选项，如图 5-29 所示。

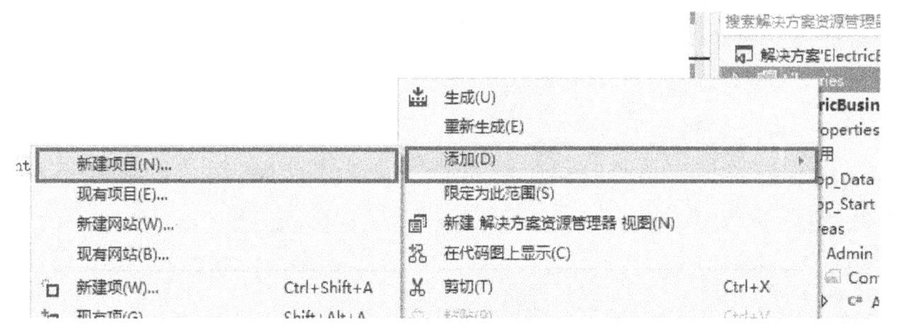

图 5-29　新建项目

在 Visual C#中找到“类库”并更改其名称为 ElectricBusinessSystem.PageExtend，如图 5-30 所示。

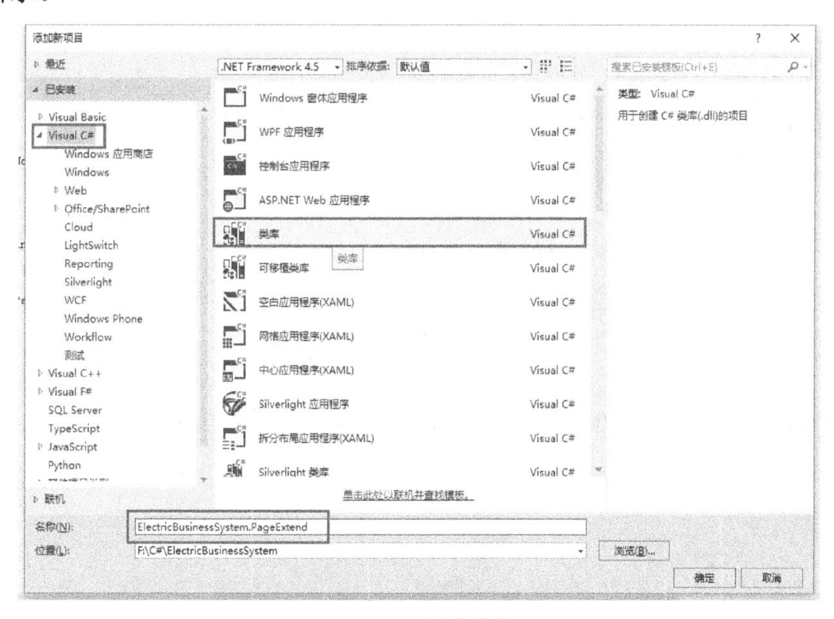

图 5-30　新建类库

单击“确定”按钮完成项目的创建。新建后默认有 Class1 类，由于这里不使用该类，因此建议删除 Class1 类。新建类 PageLinqExtensions，此类作为 Linq 的扩展方法类，为 PageLinqExtensions 类添加 FindPage 方法。

```
namespace System.Linq
{
    // 对 Linq 进行扩展
    public static class PageLinqExtensions
    {
        // 进行分页查询，其后不能接Linq语句，作为结尾使用。注意：在调用前数据必须进
行排序
          public static PageModels<T> FindPage<T>(this IQueryable<T>
queryable, int pageNo, int pageTotalNo)
         { PageModels<T> page = new PageModels<T>();
            page.TotalNo = queryable.Count();
            if (page.TotalNo != 0)
            { page.TotalPage = Convert.ToInt32(page.TotalNo / pageTotalNo)
+ (page.TotalNo % pageTotalNo == 0 ? 0 : 1 );   }
            else {
               page.TotalPage = 0;  }
            page.PageNo = pageNo;
            page.PageTotalNo = pageTotalNo;
            page.Data = queryable.Take((pageNo) *
pageTotalNo).Skip((pageNo - 1) * pageTotalNo);
            return page;
         }}}
```

新建 Models 文件夹，用于存放分页数据模型，此模型用于分页数据，如图 5-31 所示。

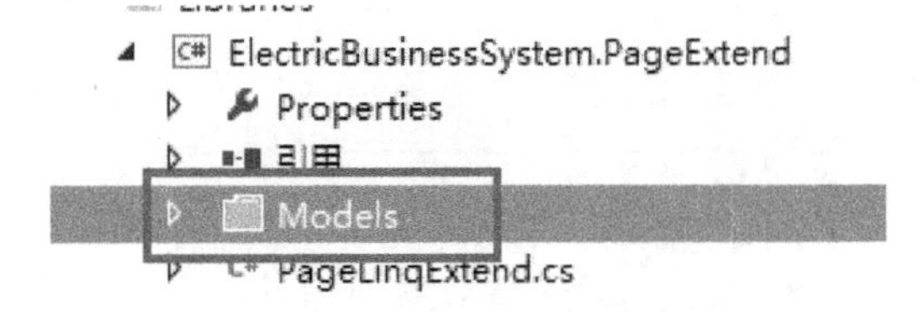

图 5-31　Models 文件夹

在 Models 文件夹中新建 PageModels 泛型类，作为分页数据模型类。

```
namespace ElectricBusinessSystem.PageExtend
{
    /// 分页参数类
    public class PageModels<T>
    {
        //分页
```

```
        //TotalPage表示总页数
        //TotalNo表示总条数
        //PageNo表示当前页
        //PageTotalNo表示当前页的总记录数
        // 总页数
      public int TotalPage { get; set; }        /// 总条数
      public int TotalNo { get; set; }
        ///当前页
      public int PageNo { get; set; }
        // 当前页的总记录数
      public int PageTotalNo { get; set; }
        // 数据
      public IEnumerable<T> Data { get; set; }
    }}
```

这里已经完成分页的后台处理，下面为分页添加控件扩展，在 CSHTML 页面中使用，用于生成页面效果。为项目添加 System.Web.Mvc 和 System.Web 引用，为 ElectricBusinessSystem.PageExtend 添加类 PageHtmlExtensions，作为 HtmlHelpers 类的扩展，代码如下。

```
    namespace System.Web.Mvc.Html
    {
        public static class PageHtmlExtensions
        {
          //默认模板
          private static string GetHtmlTemplate()
            {   string html = null;
                html = PageExtend.Properties.Resources.page;
                return html;        }
            // 外部模板
           private static string GetHtmlTemplate(string path)
            {
                string html = null;
                FileStream fs = new FileStream(path, FileMode.Open,
FileAccess.Read);
                StreamReader sr = new StreamReader(fs, Encoding.UTF8);
                html = sr.ReadToEnd();
                fs.Close();
                sr.Close();
                return html;
            }
```

```
            //渲染内容并返回内容
            //分页HTML
            public static MvcHtmlString PageBox(this HtmlHelper htmlHelper,
int TotalPage, int TotalNo, int PageTotalNo, int PageNo)
            { MvcHtmlString html = null;
               html = TempPage(GetHtmlTemplate(), TotalPage, TotalNo,
PageTotalNo, PageNo);
               return html; }
            // 通过自定义分页模板生成分页HTML
            public static MvcHtmlString PageBox(this HtmlHelper htmlHelper,
int TotalPage, int TotalNo, int PageTotalNo, int PageNo, string path)
            {
               MvcHtmlString html = null;
               html = TempPage(GetHtmlTemplate(path), TotalPage, TotalNo,
PageTotalNo, PageNo);
               return html;   }
            private static MvcHtmlString TempPage(string html, int TotalPage,
int TotalNo, int PageTotalNo, int PageNo)
            {
               Dictionary<string, string> dic = new Dictionary<string,
string>();
               dic.Add("TotalPage", TotalPage.ToString());
               dic.Add("TotalNo", TotalNo.ToString());
               dic.Add("PageTotalNo", PageTotalNo.ToString());
               dic.Add("PageNo", PageNo.ToString());
               return MvcHtmlString.Create(TempFill(html, dic));
            }
               //替换内容：模板语法  @[name] 被替换的内容
             private static string TempFill(string temp, Dictionary<string,
string> dic)
            {
               string html = temp;
               foreach (var item in dic)
               {
                  StringBuilder sb = new StringBuilder ();
                  sb.Append("@[");
                  sb.Append(item.Key);
                  sb.Append("]");
                  string ss = sb.ToString();
```

```
                html = html.Replace(sb.ToString(), item.Value);
                //html = temp.Replace("@[TotalPage] ", item.Value);
            }
            return html;
        }}}
```

在 ElectricBusinessSystem.PageExtend 中添加 UI 文件夹，用于存放分页视图模板资源，如图 5-32 所示。

图 5-32　UI 文件夹

在 UI 文件夹中添加 page.html 文件。

```
<script type="text/javascript">
    $(function () {
        var totalPage = 0;
        //只有总页数大于0时才显示分页按钮
        if (parseInt("@[TotalPage]") > 0) {
            laypage({
                cont: 'page11', //分页容器
                pages: parseInt("@[TotalPage]"), //总页数
            curr: parseInt("@[PageNo]"),//当前页
            skin: '#327AB7',
            //skip:true, //开启分页跳转
            jump: function (e, first) { //触发分页后的回调
                if (!first) {
                    //一定要添加此判断，否则初始时会无限刷新
                    $("input[name=pageNo]").val(e.curr);
                    $("#form_seach").submit(); //提交表单
                } } }); }
    });
</script>
<div>
    <div class="pull-left">
        <span>总记录数：@[TotalNo]</span>
        <span class="mleft5">总页数：@[TotalPage]</span>
    </div>
    <div class="pull-right">
```

```
        <div id="page11"></div>
    </div>
    <div class="clearfix"></div>
    <input type="hidden" name="pageNo" value="@[pageno]" />
    <input type="hidden" name="pageTotalNo" value="@[pagetotalno]" />
</div>
```

为项目添加资源的引用，在 ElectricBusinessSystem.PageExtend 项目中右击，选择“属性”选项，如图 5-33 所示。

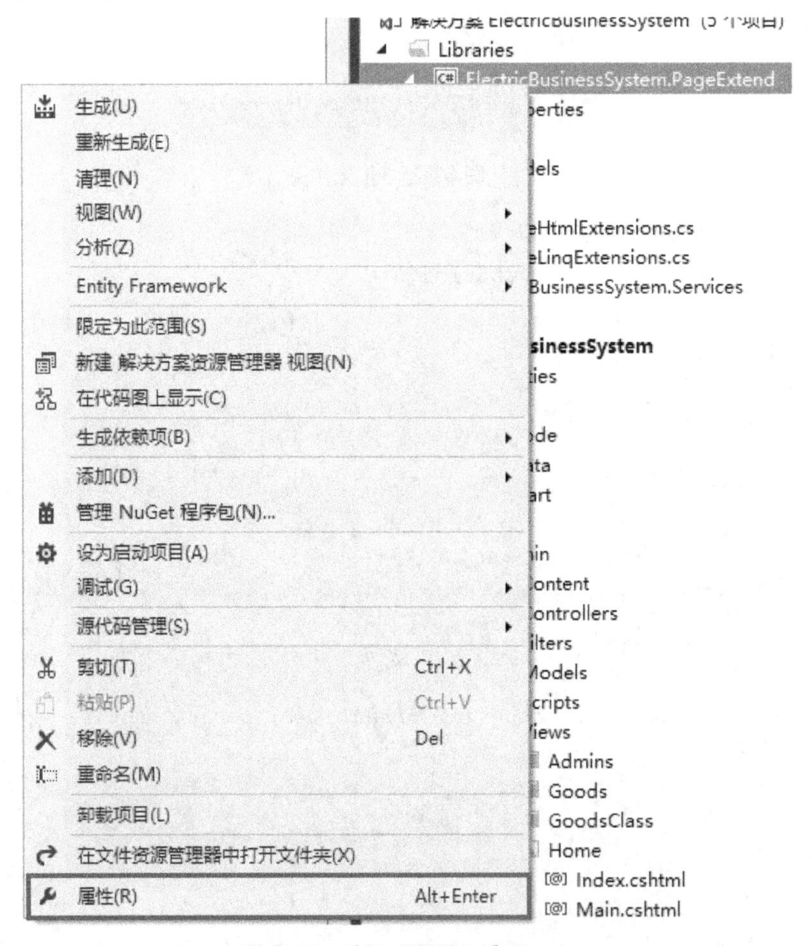

图 5-33 选择“属性”选项

打开属性页面，选择左侧列表中的“资源”，在左上方的“添加资源”下拉列表中选择“添加现有文件”选项，如图 5-34 所示。

找到 UI/page.html 文件并进行添加。

分页开发扩展插件完成后，开始使用分页扩展插件为 ElectricBusinessSystem 项目添加分页扩展的引用。在 ElectricBusinessSystem 项目中右击，选择“添加”→“引用”选项，按图 5-35 所示方式进行设置。

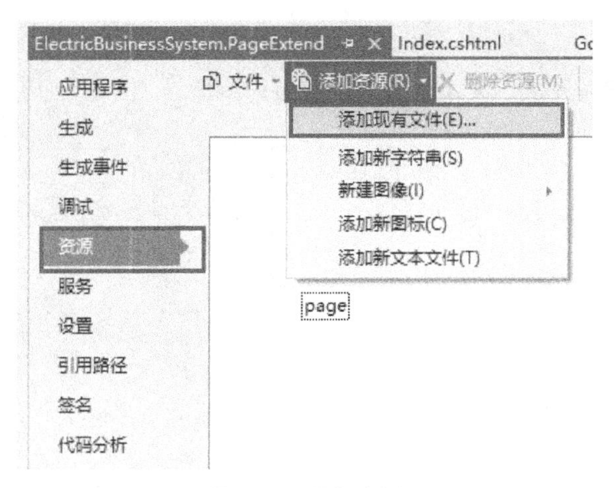

图 5-34　添加资源

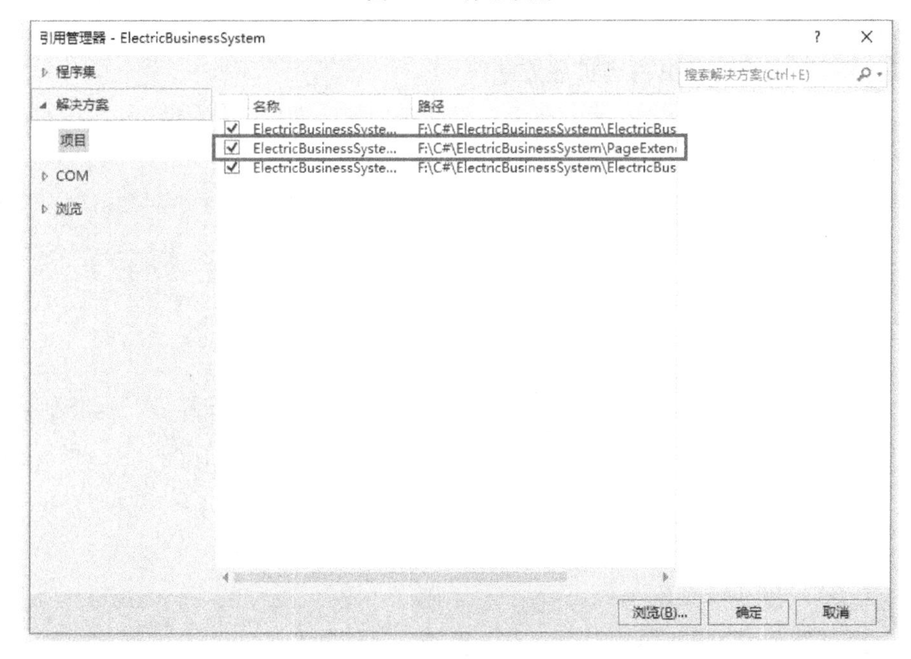

图 5-35　添加扩展插件

在引用管理器中找到“解决方案”→“项目”，选中刚才新建的 PageExtend 项目，单击“确定”按钮即可完成引用。

在要使用的类中添加命名空间引用即可使用扩展方法，这里的命名空间为 Linq，所以引用 System.Linq 即可使用 FindPage 扩展方法。

新建后台管理员控制器 AdminsController 类，其继承自 BaseController 类，并添加 List（数据列表）、Edit（编辑页面）、Edit（编辑操作）、Add（添加页面）、Add（添加操作）和 Delete（删除操作）。

List 方法代码如下。

```
    public ActionResult List(string keyword, int pageNo = 1, int pageTotalNo
```

```
= 20)
                {   PageModels<TAdmin> page;
                    //查询
                    if (!string.IsNullOrEmpty(keyword))
                    { page = db.TAdmins.Where(w => w.Name.Contains(keyword)).
OrderByDescending(o => o.Id).FindPage(pageNo, pageTotalNo);
                    } else{
                        page = db.TAdmins.OrderBy(o => o.Id).FindPage(pageNo,
pageTotalNo);
                    }
                    ViewBag.keyword = keyword;
                    return View(page);  }
```

其中使用了分页，pageNo 和 pageTotalNo 为分页所需参数，PageModels 为分页数据 Model，FindPage 为查询分页内容扩展方法。

为 List 添加页面，在 List 方法上右击，进行添加视图操作，代码如下。

```
        @model
ElectricBusinessSystem.PageExtend.PageModels<ElectricBusinessSystem.Models.T
Admin>
        @{
            ViewBag.Title = "管理员列表";
        }
        <form action="@Url.Action("list")" method="post" id="form_seach">
            <!--操作栏-->
            <div class="dividing-line-bottom operation fixed-top">
                <div class="pick">
                    <div class="pull-left fsize16 address">
                        <span class="glyphicon glyphicon-map-marker mright5"
aria-hidden= "true"></span>
                        <span>首页</span>
                        <span class="mleft5 mright5">></span>
                        <span>@ViewBag.Title</span>
                    </div>
                    <div class="pull-right">
                        <a href="@Url.Action("add")" class="btn btn-primary
btn-sm"><span class="glyphicon glyphicon-plus mright5"
aria-hidden="true"></span>新增</a>
                        <a href="@Url.Action("delete")" class="btn btn-danger
btn-sm btnOperation ajaxOperate" motion="refresh" multi="true" showmsg="请选
择需要删除的管理员">
```

```
                    <span class="glyphicon glyphicon-trash mright5"
aria-hidden= "true"></span>删除
                </a>
                <span class="mleft5 mright5">|</span>
                <input type="text" class="form-control dpy-in input-sm"
placeholder="关键字" name="keyword" value="@ViewBag.keyword">
                <button type="submit" class="btn btn-primary btn-sm"><span
class="glyphicon glyphicon-search mright5" aria-hidden="true"></span>搜索
</button>
            </div>
            <div class="clearfix"></div>
        </div>
    </div>
    <!--具体内容-->
    <div class="con-pick pick">
        <table class="table table-bordered table-hover data-list">
            <thead>
                <tr>
                    <th>用户名</th>
                    <th>姓名</th>
                    <th>性别</th>
                    <th>权限</th>
                    <th width="200">操作</th>
                </tr>
            </thead>
            <tbody>
                @foreach (var item in Model.Data) {
                    <tr data-ids="@item.Id">
                        <td>@item.Phone</td>
                        <td>@item.Name</td>
                        <td>@item.Sex</td>
                        <td>
                        @if (item.Role == "0") {
                            @:超级管理员
                        }
                        else
                        {
                            @:普通管理员
                        }</td>
```

```
                            <td>
                                <a href="@Url.Action("edit", new { id =
item.Id })">修改</a>
                                <a href="@Url.Action("delete", new { id =
item.Id})" class="ajaxOperate" motion="refresh">删除</a>
                            </td>
                        </tr>
                    }
                </tbody>
            </table>
            @* 在这里调用分页内容 *@
            @Scripts.Render("~/Content/js/laypage")
            @Html.PageBox(Model.TotalPage, Model.TotalNo, Model.PageTotalNo,
Model.PageNo)
    </form>
```

修改 Home 中的 Index.cshtml 视图，为 List 添加超链接，实现页面框架的内嵌，效果如图 5-36 所示。

图 5-36　管理员列表页面

Edit 操作分为两部分，一部分是向用户展示页面，另一部分用于操作，并使用 JSON 进行交互。

在后台 AdminController 中添加以下两个方法。

```
            // 编辑页面
            public ActionResult Edit(int id = 0)
            {
                TAdmin admin = db.TAdmins.Find(id);
```

```
            if (admin == null)
            {
                return HttpNotFound();
            }
            return View(admin);
        }
        // 编辑操作
        [HttpPost]
        [ValidateAntiForgeryToken]
        public ActionResult Edit(TAdmin admin)
        {  if (ModelState.IsValid)
            {   //将实体附加到对象管理器中
                db.TAdmins.Attach(admin);
                //获取user的状态实体，可以修改其状态
                var setEntry = ((IObjectContextAdapter)db).ObjectContext.
ObjectStateManager.GetObjectStateEntry(admin);
                //只修改实体的Name属性和Age属性
                setEntry.SetModifiedProperty("Name");
                setEntry.SetModifiedProperty("Sex");
                setEntry.SetModifiedProperty("Role");
                //全部更改
                db.SaveChanges();
                return Json(new JsonMessageSuccess("修改成功！", Url.Action
("list")));
            }
            return Json(new JsonMessageError(ModelState));
        }
```

编辑操作的提交方式为POST，POST可用于区分获取页面和提交数据。在Edit页面中右击并添加视图，默认继承自布局页面，为视图页面添加如下代码。

```
    @model ElectricBusinessSystem.Models.TAdmin
    @{
        ViewBag.Title = "后台管理员修改";
    }
    <!--操作栏-->
    <div class="dividing-line-bottom operation">
        <div class="pick fsize16 address">
            <span class="glyphicon glyphicon-map-marker mright5"
aria-hidden="true"> </span>
            <span>首页</span>
```

```
                <span class="mleft5 mright5">></span>
                <span>@ViewBag.Title</span>
            </div>
        </div>
        <div class="edit-pick">
            <form action="@Url.Action("edit")" method="post"
class="operateform" motion= "url">
                @Html.AntiForgeryToken()
                @Html.HiddenFor(x => x.Id)
                <table class="table edit-table">
                    <tbody>
                        <tr>
                            <td>用户名</td>
                            <td>@Model.Phone</td>
                        </tr>
                        <tr>
                            <td>姓名</td>
                            <td>@Html.TextBoxFor(m => m.Name, new { value =
Model.Name, @class = "form-control", datatype = "*" })</td>
                        </tr>
                        <tr>
                            <td>性别</td>
                            <td>@Html.DropDownListFor(m => m.Sex, new
List<SelectListItem> { new SelectListItem { Text = "男", Value = "男" }, new
SelectListItem { Text = "女", Value = "女" } }, new { value = Model.Sex, @class
= "form-control", datatype = "*" })</td>
                        </tr>
                        <tr>
                            <td>权限</td>
                            <td>@Html.DropDownListFor(m => m.Role, new
List<SelectListItem> { new SelectListItem { Text = "超级管理员", Value = "0" },
new SelectListItem { Text = "普通管理员", Value = "1" } }, new { value = Model.Role,
@class = "form-control", datatype = "*" })</td>
                        </tr>
                        <tr>
                            <td></td>
                            <td>
                                <button class="btn btn-primary" type="submit">
                                    <span class="glyphicon glyphicon-ok"
```

```
aria-hidden="true"></span> 提交
                            </button>
                        </td>
                    </tr>
                </tbody>
            </table>
        </form>
    </div>
```

在 List 页面中使用 URL.Action()为 Edit 操作添加超链接，并传入数据 ID。

添加操作也分为两部分，并且使用 JSON 来交互，页面使用 AJAX 来提交数据请求。后台代码如下。

```
        // 添加页面
       public ActionResult Add()
        {   return View();  }
         // 添加操作
        [HttpPost]
        [ValidateAntiForgeryToken]
        public ActionResult Add(AddAdminModel admin)
        {   if (ModelState.IsValid)
            {   db.TAdmins.Add(new TAdmin { Name = admin.Name, Password =
UserEncryption.EncryptionPwd(admin.Phone.Substring(0, 6), admin.Password),
Phone = admin.Phone, Sex = admin.Sex, Role = admin.Role.ToString() });
                db.SaveChanges();
                return Json(new JsonMessageSuccess("添加成功！"));
            }
            return Json(new JsonMessageError(ModelState));   }
```

请求页面方法用于查看页面，添加操作的提交方式为 POST，并自定义了表单验证模型，推荐使用这种方式来验证表单，而不是像前文 Edit 方法中那样直接使用数据库表模板。

Model 代码存放在 Areas/Admin/Models/Admins 文件夹内，Model 的代码如下。

```
    namespace ElectricBusinessSystem.Areas.Admin.Models.Admins
    {
        public class AddAdminModel
        {
            [Required(ErrorMessage = "手机号不能为空！")]
            [Phone(ErrorMessage = "手机号错误！")]
            public string Phone { get; set; }
            public string Name { get; set; }
            public int Role { get; set; }
            public string Sex { get; set; }
```

```
            [Required]
            [StringLength(100, ErrorMessage = "{0} 必须至少包含 {2} 个字符。",
MinimumLength = 6)]
            [DataType(DataType.Password)]
            public string Password { get; set; }
            [DataType(DataType.Password)]
            [Display(Name = "确认新密码")]
            [Compare("Password", ErrorMessage = "新密码和确认密码不匹配。")]
            public string Password2 { get; set; }
        }}
```

为添加操作添加页面视图，其默认继承自布局页面，代码如下。

```
@{
    ViewBag.Title = "后台管理员添加";
}
@section scripts{
    <script>
        $(function () {
            //详见common.js
            $.fn.DefaultForm();
        })
    </script>
    }
<!--操作栏-->
<div class="dividing-line-bottom operation">
    <div class="pick fsize16 address">
        <span class="glyphicon glyphicon-map-marker mright5" aria-hidden=
"true"></span>
        <span>首页</span>
        <span class="mleft5 mright5">></span>
        <span>@ViewBag.Title</span>
    </div>
</div>
<div class="edit-pick">
   <form action="@Url.Action("add")" method="post" class="operateform"
motion="refresh">
        @Html.AntiForgeryToken()
        <table class="table edit-table">
            <tbody>
                <tr>
```

```
                    <td>手机号</td>
                    <td><input type="text" class="form-control" name=
"Phone" datatype="*"></td>
                </tr>
                <tr>
                    <td>用户名</td>
                    <td><input type="text" class="form-control"
name="Name" datatype="*"></td>
                </tr>
                <tr>
                    <td>权限</td>
                    <td>
                        <select class="form-control" name="Role">
                            <option value="0">超级管理员</option>
                            <option value="1">普通管理员</option>
                        </select>
                    </td>
                </tr>
                <tr>
                    <td>性别</td>
                    <td>
                        <select class="form-control" name="Sex">
                            <option value="男">男</option>
                            <option value="女">女</option>
                        </select>
                    </td>
                </tr>
                <tr>
                    <td>密码</td>
                    <td><input type="password" class="form-control"
name="Password" datatype="*"></td>
                </tr>
                <tr>
                    <td>确认密码</td>
                    <td><input type="password" class="form-control"
name="Password2" datatype="*" recheck="Password" errormsg="您两次输入的密码不一
致！"></td>
                </tr>
                <tr>
```

```
                        <td></td>
                        <td>
                            <button class="btn btn-primary" type="submit">
                                <span class="glyphicon glyphicon-ok" aria-
hidden="true"></span> 提交
                            </button>
                        </td>
                    </tr>
                </tbody>
            </table>
        </form>
    </div>
```

后台管理系统页面效果如图 5-37 所示。

图 5-37　后台管理系统页面效果

Delete 用于删除后台管理员，可在 AdminsConroller 中添加如下代码。

```
    public ActionResult Delete(int id)
          {
              TAdmin admin = db.TAdmins.Find(id);
              if (admin == null)
              {
                  return Json(new JsonMessageError(ErrorCodeEnum.e100, "删
除失败！"));
              }
              db.TAdmins.Remove(admin);
              db.SaveChanges();
              return Json(new JsonMessageSuccess("删除成功！", ""));
          }
```

通过前台传输过来的数据 ID 删除对应的数据，并返回 JSON 对象格式的标识。在 List 页面中为 Delete 添加超链接，传入参数为数据 ID。

本任务完成后，可以进行登录及用户的添加、修改、删除和查询等操作，本任务系统地讲述了用户如何使用 MVC4+EF 技术实现 CRUD。后续的开发可以参考此任务。

任务六　图文上传

任务描述

用 UEditor 实现图文混排及上传。

预备知识

UEditor 是由百度 Web 前端研发部开发的所见即所得的富文本 Web 编辑器，具有轻量、可定制、注重用户体验等特点。在编辑商品时，会用到百度编辑器来编写商品介绍。

任务实施

将百度编辑器放入项目的 ElectricBusinessSystem/Content 中，如图 5-38 所示。

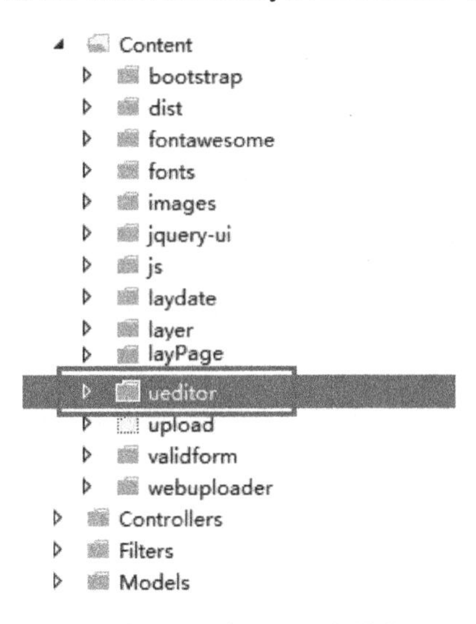

图 5-38　百度编辑器文件夹

在 App_Start/BundleConfig 类中添加百度编辑器的引用。

```
bundles.Add(new ScriptBundle("~/Content/js/ueditor").Include(
        "~/Content/ueditor/ueditor.config.js",
        "~/Content/ueditor/ueditor.all.js"));
```

页面需要引用 UEditor，代码如下。

```
@Scripts.Render("~/Content/js/ueditor")
```

定义百度编辑器，代码如下。

```
@section scripts{
    @Scripts.Render("~/Content/js/ueditor")
    <script>
        $(function () {
            //详见common.js
            $.fn.DefaultForm();
            var ue = UE.getEditor('container', {
                initialFrameWidth: 800,
                initialFrameHeight:400,
            });
            //单击“删除”按钮，删除图片
           $(document).on('click', '.btn-photo-delete', function (event) {
                $(this).closest("p").remove();  //删除对象
            });
        })
    </script>
}
<script id="container" name="Detail" type="text/plain"> </script>
```

引用并定义百度编辑器后，百度编辑器的效果如图 5-39 所示。

图 5-39　百度编辑器的效果

在使用百度编辑器的图片功能前，需配置百度编辑器图片文件上传地址，文件~Content/ueditor/net/config.json 用于配置百度编辑器。找到它的“imageUrlPrefix”属性，将所有的 imageUrlPrefix 属性配置为“/Content/”，将百度编辑器放置在 Content 文件夹内，如图 5-40 所示。

```
    "imageUrlPrefix": "/Content/", /* 图片访问路径前缀 */
```

打开文件~Content/ueditor/net/App_Code/UploadHandler.cs 并找到 Process()方法，找到相应的代码，如图 5-40 所示。

```
Result.OriginFileName = uploadFileName;

//文件保存路径
var savePath = PathFormatter.Format(uploadFileName, UploadConfig.PathFormat);
var localPath = Server.MapPath(savePath);
try
{
```

图 5-40　百度编辑器路径

把图 5-40 所示代码修改为以下代码。

```
            //文件保存路径
            var savePath = PathFormatter.Format(uploadFileName, UploadConfig.
PathFormat);
            var localPath = this.Server.MapPath("../../"+ savePath);
```

注意：文件保存的路径应使用虚拟路径，而非绝对路径。

在使用图片上传组件时，因为百度编辑器已经实现了图片的上传功能，此时直接使用即可，无须另外定义，根据实际要求而定。

打开~Content/Webuploader/upload.js 并找到代码块，将 server 属性配置为百度编辑器的上传地址即可，如图 5-41 所示。

```
/*********************        开始        **********************/
// 实例化
uploader = WebUploader.create({
    pick: {
        id: '#filePicker',
        label: '点击选择图片'
    },
    formData: {
    },
    fileVal: "upfile",
    dnd: '#dndArea',
    paste: '#uploader',
    swf: './Uploader.swf',
    chunked: false,
    chunkSize: 512 * 1024,
    server: '/Content/ueditor/net/controller.ashx?action=uploadimage&encode=utf-8',
    // runtimeOrder: 'flash',

     accept: {
         title: 'Images',
         extensions: 'gif,jpg,jpeg,bmp,png',
         mimeTypes: 'image/*'
     },

    // 禁掉全局的拖拽功能。这样不会出现图片拖进页面的时候，把图片打开。
    disableGlobalDnd: true,
    fileNumLimit: 300,
    fileSizeLimit: 200 * 1024 * 1024,    // 200 M
    fileSingleSizeLimit: 50 * 1024 * 1024    // 50 M
```

图 5-41　百度上传地址

在 Admin 区域的 BaseController 中添加上传组件界面显示 Action。

```
public ViewResult UpLoad()
        {
            return View();
        }
```

在 Views/Shared 中添加上传图片视图文件 Upload.cshtml。

```
@{
    ViewBag.Title = "上传";
}
@*图片上传表单*@
@section style{
    @Styles.Render("~/Content/css/Webuploader")
    }
@section scripts{
@Scripts.Render("~/Content/js/Webuploader")
    <script type="text/javascript">
    var uploadDataArray = []; //上传完成的图片集合
    var layer_index = parent.layer.getFrameIndex(window.name); //获取窗
口索引
    var imgHeight = 500;
    //上传完成后的操作
    //详见 upload.js 中的 uploader.onUploadSuccess 方法
    function uSuccessAjax(file, data) {
        uploadDataArray.push(data);
        //console.log(data);
    }
    $(function () {
        //上传图片成功后的操作
        $("#close-uploadWin").click(function () {
            var imgUrlPrefix = "/Content/";
            //alert(JSON.stringify(uploadDataArray));
            for (var i in uploadDataArray) {
                //获取填充对象
                var imgObj = "<p class='images-pick'>"
                    + "<img src='{0}' style='width:auto; height:{1};'/>"
                      + "<input type='hidden' name='Imgpath' value='{2}'
/>"
                      + "<a href='javascript:;' class='btn-photo-delete'>
<span class='glyphicon glyphicon-trash' aria-hidden='true'></span></a>"
```

```
                        + "</p>";
                    imgObj = $.format(imgObj,imgUrlPrefix + uploadDataArray[i]
["url"], imgHeight,imgUrlPrefix + uploadDataArray[i]["url"]);
                    parent.$(".photo-pick").append(imgObj);
                }
                parent.layer.close(layer_index);
            });
        })
    </script>
        }
            <div id="wrapper">
             <div id="container">
                <!--头部，相册选择和格式选择-->
                <div id="uploader">
                    <div class="queueList">
                        <div id="dndArea" class="placeholder">
                            <div id="filePicker"></div>
                            <p>或将照片拖到这里，单次最多可选300张</p>
                        </div>
                    </div>
                    <div class="statusBar" style="display:none;">
                        <div class="progress" style="margin-bottom: -3px;">
                            <span class="text">0%</span>
                            <span class="percentage"></span>
                        </div>
                        <div class="info"></div>
                        <div class="btns">
                            <div id="filePicker2"></div>
                            <div class="uploadBtn" id="start-uploadBtn">开始上
传</div>
                            <div class="uploadBtn" id="close-uploadWin">上传完
成</div>
                        </div>
                    </div>
                </div>
            </div>
        </div>
```

注意：图片上传成功后，将显示在~/Content/upload 文件夹内。

任务七　后台的其他功能

任务描述

实现用户管理功能，后台用户管理界面可参考图 5-42。

图 5-42　后台用户管理界面

任务实施

前台用户功能：用户在前台注册，用户相关信息由管理员在后台进行管理，这里的主要操作是对前台用户修改、删除和查询功能，可以参考之前管理员用户表的开发过程。

商品分类功能：对于商品管理，添加分类有利于前台的数据查询，这里分类只做一级，如果网上商城的商品过多，则可以考虑做多级。商品分类管理员可以在后台进行管理，这里的主要操作是商品分类的添加、修改、删除和查询，可以参考之前管理员用户表的开发过程。商品分类管理的界面可参考图 5-43，商品分类添加可参考图 5-44。

后台管理系统　退出

首页 / 后台用户管理 / 前台用户管理 / 商品分类管理（— 分类列表，— 添加分类） / 商品管理 / 订单管理 / 系统设置

首页 > 商品分类列表　+ 新增　删除　关键字　搜索

名称	类别	状态	操作
电脑 办公	一级分类	正常	修改 删除
家居 厨具	一级分类	正常	修改 删除
手机 数码	一级分类	正常	修改 删除
服装 鞋靴	一级分类	正常	修改 删除
食品 生鲜	一级分类	正常	修改 删除
钱包	二级分类	正常	修改 删除
机械键盘	二级分类	正常	修改 删除
笔记本	二级分类	正常	修改 删除
游戏本	二级分类	正常	修改 删除
平板电脑	二级分类	正常	修改 删除

技术支持：lzyzx 网上商城系统 | 网上商城系统 联系电话：0000-0000000

图 5-43　商品分类列表界面

后台管理系统　退出

- 首页
- 后台用户管理
- 前台用户管理
- 商品分类管理
  - 分类列表
  - 添加分类
- 商品管理
- 订单管理
- 系统设置

首页 > 商品分类添加

名称

所属分类类型　电脑 办公

提交

技术支持：lzyzx 网上商城系统 | 网上商城系统 联系电话：0000-0000000

图 5-44　商品分类添加界面

商品管理功能：对于商品的管理，管理员可以在后台进行管理，这里的主要操作是商品的添加、修改、删除和查询，可以参考之前管理员用户表的开发过程。商品管理的界面可参考图 5-45，商品添加可参考图 5-46。

订单管理功能：订单是用户在前台生成的，管理员在后台可以对其进行管理，这里的主要操作是订单的删除和查询，可以参考之前管理员用户表的开发过程。订单管理的界面可参考图 5-47。

后台管理系统　退出

- 首页
- 后台用户管理
- 前台用户管理
- 商品分类管理
- 商品管理
  - 商品列表
  - 添加商品
- 订单管理
- 系统设置

首页 > 商品列表　　新增 | 关键字　搜索

名称	分类	价格	销量	状态	操作
贵人鸟钱包	钱包	300.0000	1	正常	修改 下架
sdf	电脑办公		0	下架	修改
Adidas	服装鞋靴	2999.0000	0	正常	修改 下架
七匹狼（SEPTWOLVES）钱包男士短款 商务头层牛皮横款两折钱夹皮夹多功能票夹男 3A1310185黑色	钱包	79.0000	0	正常	修改 下架
高尔夫GOLF牛皮钱包短款男士皮夹横款真皮耐磨时尚商务休闲钱夹 Q684431蓝色 预售至12月19日发货	钱包	139.0000	0	正常	修改 下架
BROWNEFOX 钱包 长款真皮钱夹皮夹手机包复古油蜡时尚多卡位男士钱包手包 QB6039复古油蜡深棕色	钱包	149.0000	0	正常	修改 下架

技术支持：lzyzx 网上商城系统 | 网上商城系统 联系电话：0000-0000000

图 5-45　商品列表界面

后台管理系统 退出

首页
后台用户管理
前台用户管理
商品分类管理
商品管理
— 商品列表
— 添加商品
订单管理
系统设置

首页 > 商品添加

商品名称

商品分类 电脑 办公

价格 ¥ 0.00 元

商品图片 上传

自定义标题 段落格式 字体 字号 代码语言

商品介绍

元素路径 字数统计

技术支持：lzyzx 网上商城系统 | 网上商城系统 联系电话： 0000-0000000

图 5-46 商品添加界面

图 5-47 订单管理界面

任务八　前台项目搭建

任务描述

制作前台首页，效果如图 5-48 所示。

图 5-48　网上商城前台首页

此页面有四部分，分别是用户信息头部分、Logo 导航栏部分、内容部分和关于网站部分。

任务实施

前面已经介绍过如何添加 Admin 区域，使用相同的方法来添加 Index 区域，作为网上商城的前端。网上商城的首页如图 5-48 所示。

（1）用户信息头部分：用户在此管理自己的账户。

（2）Logo 导航栏部分：网站的导航栏。

（3）内容部分：用于存放用户需要的内容、主体内容。

（4）关于网站部分：尾部，一个静态的部分，基本上不需要随时更改。

这四部分的页面，除了内容部分会不一样，其余部分在多个页面中会重复用到，所以在开发过程中会将整个页面划分开，以便后续维护。

新建页面视图，放在 Shared 中，分别命名如下。

（1）用户信息头部分：HeaderUser.cshtml。

（2）logo 导航栏部分：HeaderNav.cshtml。

（3）关于网站部分：Footer.cshtml。

在 Index/Controller 中如同创建 Admin 区域一样，新建 BaseController 控制器，作为所有自定义控制器基类，并在其中添加实例化数据上下文对象字段。

内容部分：在 Index/Controller 中新建 HomeController 控制器，用于创建网站首页，并在其中添加 Index 方法。在 Index Action 上右击并添加视图，键入“内容部分”的代码。

```
public ActionResult Index()
        {return View();  }
```

用户信息头部分：在 Views/Shared 中添加部分视图 HeaderUser.cshtml 作为用户信息头部分的视图，在 HomeController 中为 HeaderUser 视图添加 Action。

```
public ActionResult HeaderUser()
        {   //用户登录数据
            return PartialView();}
```

Logo 导航栏部分：使用相同的方法创建。由于网站部分是静态的，因此将不从后台访问，而由页面直接使用。在 Areas/Index/Views/ 中添加_ViewStart.cshtml 文件，声明_Layout.cshtml 布局页面所在的位置。

在 Views/Shared 中添加_Layout.cshtml 布局页，方法与在 Admin 区域中的添加方法一致。

```
<!DOCTYPE html>
<html lang="en">
<head>
    <meta charset="UTF-8">
    <title>@ViewBag.Title</title>
    <!-- CSS -->
```

```
        @Styles.Render("~/Content/css/bootstrap", "~/Content/fonts/
fontawesome")
        @Styles.Render("~/mall/css/public")
        @RenderSection("styles", required: false)
          <!-- JS -->
        @Scripts.Render(
            "~/Content/js/jquery",
            "~/Content/js/bootstrap")
        @RenderSection("scripts", required: false)
        </head>
    <body>
        @{
            //顶部用户信息，选择性加载
            if ((ViewBag.headerUser as bool?) == null || (ViewBag.headerUser
as bool?) == true)
            { Html.RenderAction("HeaderUser"); }
            //搜索框，导航条，选择性加载
            if ((ViewBag.headerNav as bool?) == null || (ViewBag.headerNav as
bool?) == true)
            { Html.RenderAction("HeaderNav"); } }
        @*内容*@
        @RenderBody()
        @{
            //尾部，选择性加载
            if ((ViewBag.footer as bool?) == null || (ViewBag.footer as bool?)
== true)
            { Html.RenderPartial("Footer"); } }
    </body>
    </html>
```

任务九　添加首页数据

任务描述

编写前台首页代码，实现数据的显示。

任务实施

在 ElectricBusinessSystem 项目的 Services 文件夹中添加接口 IEBDataService，并定义两个方法。

```
    namespace ElectricBusinessSystem.Services.EBData
```

```
    {
        interface IEBDataService
        {
            // 获取商品数据列表
            List<ClassListModel> GetGoodsClassList();
           // 获取首页商品信息
            List<GoodsListModel> GetHomeGoodsList();
        }}
```

新建 EBDataService 类，继承自 EBBaseService 类和 IEBDataService 接口并实现该接口。

```
    namespace ElectricBusinessSystem.Services.EBData
    {
        public class EBDataService :
EBBaseService<ElectricBusinessSystemContext>, IEBDataService
        {
            public EBDataService(ElectricBusinessSystemContext context) :
base (context) { }
           public List<Areas.Index.Models.Home.ClassListModel>
GetGoodsClassList()
            {
                //商品分类
                var result = db.TGoodsClasses.Where(w => w.Type == 1).Select(s
=> new ClassListModel()
                { Id = s.Id,
                   Name = s.Name
                }).Take(5).ToList();
                result.ForEach(f => f.List = db.TGoodsClasses.Where(w =>
w.BaseId == f.Id && w.State == 0).Take(3).Select(lists => new ClassListModel()
{ Id = lists.Id, Name = lists.Name }).ToList());
                return result;
            }
           public List<Areas.Index.Models.Home.GoodsListModel>
GetHomeGoodsList()
            { //商品
                var result = db.TGoodsClasses.OrderBy(o => Guid.NewGuid()).
Take(5).Where(w => w.Type == 2 && w.State == 0).Select(s =>new
GoodsListModel(){ Id = s.Id, Name = s.Name}).ToList();
                result.ForEach(f => f.GoodsList = db.TGoods.OrderBy(o =>
Guid.NewGuid()).Where(w => w.GoodsClassId == f.Id && w.State ==
0).Take(5).ToList().Select(s =>
```

```
                    new GoodsSingleModel() { Id = s.Id, Name = s.Name, Price =
s.Price, ImgUrl = s.ImgUrls.Split(',')[0] }).ToList());
                return result;
            }}}
```

以上代码中使用了三个数据模型，在 Index 区域 Models 中添加三个模型，在 Areas/Index/Models 中新建两个文件夹，并分别命名为“Home” “Goods”。在 Home 文件夹中添加类 ClassListModel 和类 GoodsListModel，在 Goods 文件夹内创建 GoodsSingleModel 模型。

ClassListModel：分类列表模型。

```
namespace ElectricBusinessSystem.Areas.Index.Models.Home
{
    public class ClassListModel
    {
        public int Id { get; set; }
        public string Name { get; set; }
        public List<ClassListModel> List { get; set; }
    }}
```

GoodsListModel：商品列表模型。

```
namespace ElectricBusinessSystem.Areas.Index.Models.Home
{
    public class GoodsListModel
    {
        //列表
        public int Id { get; set; }
        public string Name{ get; set; }
        public List<GoodsSingleModel> GoodsList { get; set; }
    }}
```

GoodsSingleModel：商品模型。

```
namespace ElectricBusinessSystem.Areas.Index.Models.Goods
{
    public class GoodsSingleModel
    {
        public int Id { get; set; }
        public string Name { get; set; }
        public decimal? Price { get; set; }
        public string ImgUrl { get; set; }
    }}
```

修改以上代码定义的 HomeController 的 Index 方法。在修改方法之前需要在 HomeController 中添加对 EBDataService 类的使用。

在 HomeController 类中添加如下代码：

```
IEBDataService dataService = null;
        public HomeController()
        {
            dataService = new EBDataService(db);
        }
```

改写 Index 方法，代码如下所示：

```
public ActionResult Index()
        {
            var classList = dataService.GetGoodsClassList();
            var GoodsList = dataService.GetHomeGoodsList();
            ViewBag.classList = classList;
            ViewBag.goodsList = GoodsList;
            return View();
        }
```

完成页面中数据的排列，并正常地显示出来。

使用相同的方法完成并创建商品搜索功能和商品详细信息页。其中，商品搜索功能使用 like 根据名称查询，使用商品分类 ID 来查询某一分类商品的信息。商品信息页定义了一个页面数据模型，将查询出来的数据使用 View(Model)返回，效果如图 5-49 所示。

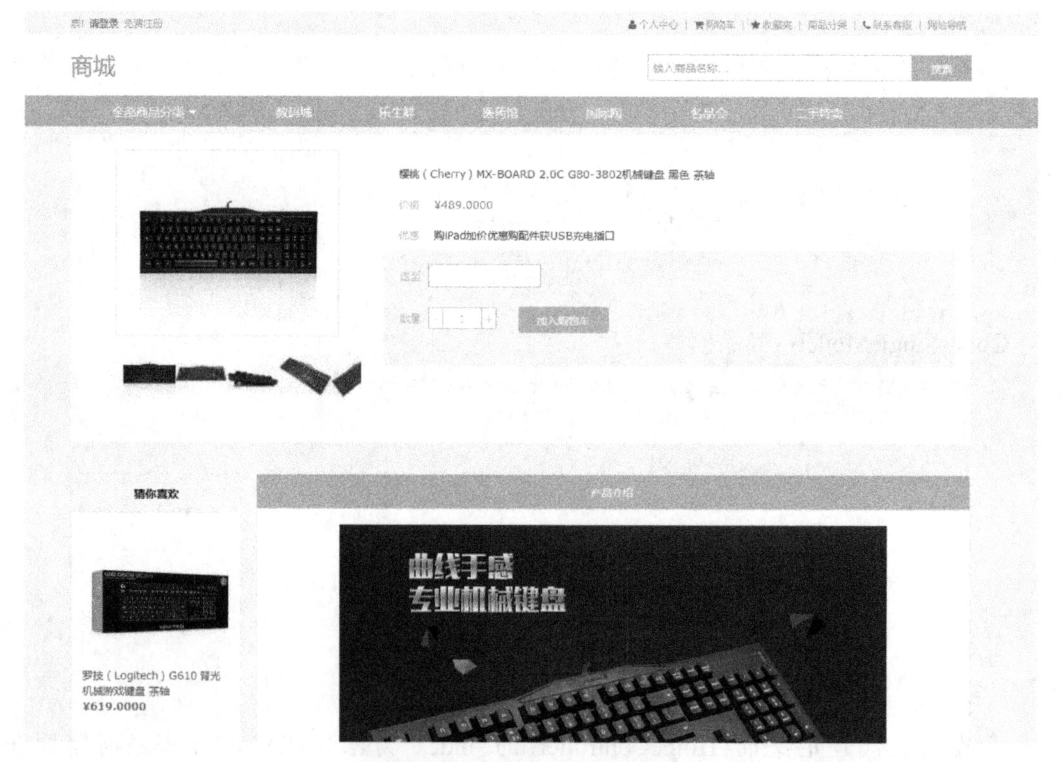

图 5-49　商品详细信息效果图

任务十　购物车下单

任务描述

将商品保存到用户购物车中。

预备知识

购物车是电商网站中必不可少的内容，在商品详细页面中定义了“加入购物车”按钮，当单击“加入购物车”按钮时会将商品的 ID 和数量作为商品信息存入到 Session 中。

任务实施

在前台使用 jQuery.session.js 操作 Session。jQuery.Session 是一个基于 jQuery 的用来处理 Session 的库，使用它可以简化对 Session 的操作，其语法特点如下。

（1）向 Session 中添加数据：

```
$.session.set('key','value');
```

（2）删除 Session 中的数据：

```
$.session.remove('key');
```

（3）获取 Session 中的指定数据：

```
$.session.get('key');
```

（4）清除 Session 中的所有数据：

```
$.session.clear();
```

在后台新建 ShoppingCartController 控制器，作为购物车控制器，再添加 Index 方法，作为购物车页面。

在 Services 文件夹中添加 ShoppingCart 文件夹，在其中添加 IShoppingCartService 接口和 ShoppingCartService 类，作为购物车 Service。

在 IShoppingCartService 接口中添加根据商品 ID 查询商品数据功能，并使用之前定义的 GoodsSingleModel 作为商品的数据模型。ShoppingCartService 类用于实现该接口。

其实现代码如下。

```
    namespace ElectricBusinessSystem.Services.ShoppingCart
    {
        public class ShoppingCartService :
EBBaseService<ElectricBusinessSystemContext>, IShoppingCartService
        {
            public ShoppingCartService(ElectricBusinessSystemContext
context) : base(context) { }
            public List<Areas.Index.Models.Goods.GoodsSingleModel>
GetGoodsIds (params int[] ids)
            {
```

```
                var result = db.TGoods.Where(w =>
ids.Contains(w.Id)).ToList().Select(s => new GoodsSingleModel() { Id = s.Id,
ImgUrl = s.ImgUrls.Split(',')[0], Name = s.Name, Price = s.Price}).ToList();
                return result;
            }
        }
    }
```

在 Index 方法中，读取购物车的 Session 中的商品信息，将商品的 ID 取出，查询商品的信息，商品信息使用 View(Model)方式将数据发送给页面进行渲染。购物车效果如图 5-50 所示，单击“结算”按钮，可完成订单并清空 Session 购物车中的商品。

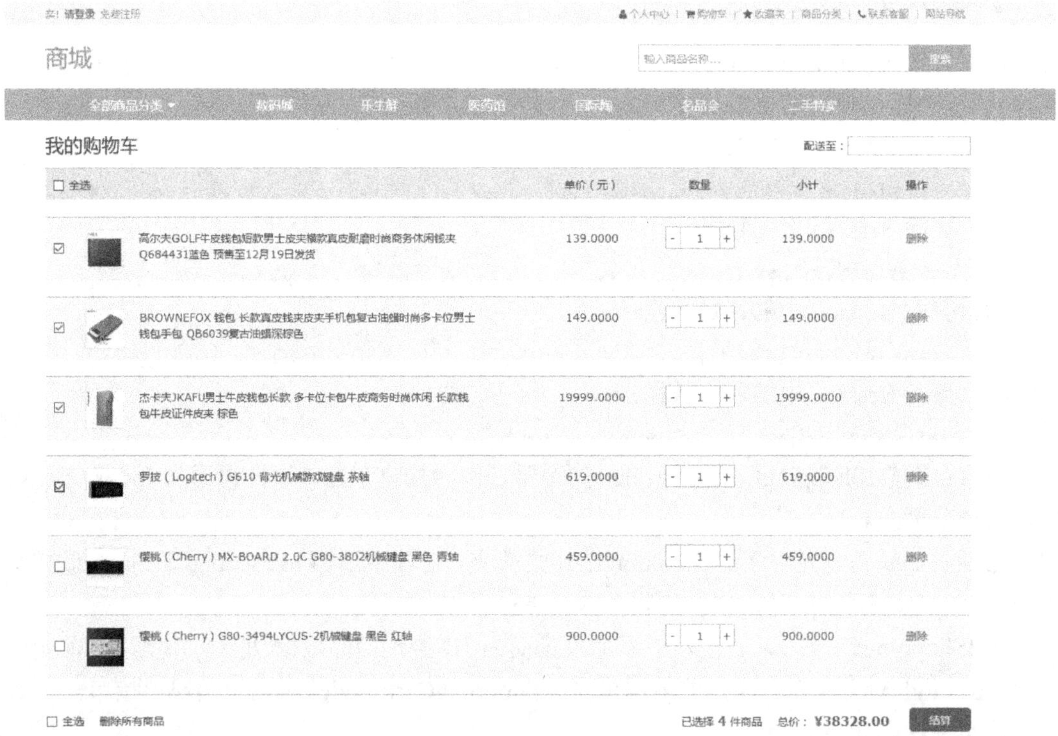

图 5-50　购物车界面

四、项目总结

本项目运用了 MVC4+EF 架构进行开发，网上商城是一个综合项目，本项目主要介绍了一个完整的用户 CRUD 的操作及如何实现分页、编辑器、购物车的功能，通过学习以上技能，读者基本上具备了综合项目开发的能力，其他功能的技能点和用户 CRUD 基本上是一致的，故本项目没有详细介绍，大家可以根据所学的技能自己进行独立开发。

五、知识巩固

利用 MVC4+EF 完成学校教材定购系统的开发，要求如下。

1．系统需求

本系统分为领书和采购两个子系统。

领书系统的主要工作过程如下：由教师或学生提交用书单，经教材发行人员审核是有效用书单后，开发票、登记并返给教师或学生领书单，教师或学生可以到书库领书。

采购系统的主要工作过程如下：若是教材脱销，则登记缺书，发缺书单给书库采购人员，一旦新书入库，即发送进书通知给教材发行人员。

2．系统限制条件

（1）当书库中的各种书籍数量发生变化（包括进书和出书）时，都应修改相关的书库记录，如库存表或进库和出库表。

（2）在实现上述销售和采购的工作过程中，需考虑有关的合法性验证。

（3）系统的角色至少包括教师、学生和教材工作人员。

（4）系统的相关数据存储至少包括购书表、库存表、缺书登记表、待购教材表、进库表和出库表。

3．技术条件

（1）数据库自行设计，要求符合系统需求和限制条件，数据库使用 SQL Server 2008。

（2）采用 B/S 架构，使用 MVC4+EF 技术进行开发。

（3）界面设计美观、易用，用户体验好。

（4）具备一定的安全性，账户密码采用 MD5 加密，若没有登录用户名，则没有权限进入后台管理。